Recep Halıcıoğlu

Hidrojen Depolamak için Metal Hidrür Reaktör Tasarımı ve İncelenmesi

Recep Halıcıoğlu

Hidrojen Depolamak için Metal Hidrür Reaktör Tasarımı ve İncelenmesi

Reaktör Tasarımı ve Isı-Kütle Transferlerinin Deneysel Olarak İncelenmesi

Türkiye Alim Kitapları

Impressum / Yayınevi adı
Bibliografische Information der Deutschen Nationalbibliothek: Die Deutsche Nationalbibliothek verzeichnet diese Publikation in der Deutschen Nationalbibliografie; detaillierte bibliografische Daten sind im Internet über http://dnb.d-nb.de abrufbar.

Deutsche Nationalbibliothek tarafından yayınlanan bibliyografik bilgiler: Deutsche Nationalbibliothek, bu yayını Deutsche Nationalbibliografie'de listeler; detaylı bibliyografik bilgi İnternet'te http://dnb.d-nb.de sitesinde mevcuttur.

Coverbild / Kitap kapağı resmi: www.ingimage.com

Verlag / Yayıncı:
Türkiye Alim Kitapları
ist ein Imprint der / yayınevinin bir ticari markasıdır
OmniScriptum GmbH & Co. KG
Heinrich-Böcking-Str. 6-8, 66121 Saarbrücken, Deutschland / Almanya
Email / E-posta: info@turkiye-alim-kitaplary.com

Herstellung: siehe letzte Seite /
Basım yeri: son sayfaya bakın
ISBN: 978-3-639-67155-1

Zugl. / Approved by: Niğde Üniversitesi Msc Tez, 2009

İÇİNDEKİLER

ÖNSÖZ

Tükenen enerji kaynaklarına belki de en önemli alternatif kaynaklardan birisi hidrojendir. Hidrojen ısınma amaçlı bir yakıt olarak kullanılabileceği gibi yakıt pilleri vasıtasıyla da elektrik enerjisine dönüşebilmektedir. Hidrojenin kullanımdaki en önemli problemlerinden birisi ise depolanmasının zor olmasıdır. Hala kullanımda olan birçok depolama yöntemleri vardır. Ancak bu yöntemler taşınabilir ve hareketli uygulamalar için uygun değildir. Metal-Hidrür reaktörler güvenli olmaları ve düşük hacim kaplamaları sebebiyle depolama yöntemleri arasında dikkat çekmektedir.

Bu kitap 2009 yılında Niğde Üniversitesi Fen Bilimleri Enstitüsü'nde Prof.Dr.Mustafa BAYRAK danışmanlığında tamamlanmış "TiFe-H_2 Reaktörlerinde Meydana Gelen Isı Ve Kütle Transferinin Deneysel İncelenmesi" isimli bir yüksek lisans tezi olup, 2014 yılında güncellenmiştir. Çalışma kapsamında metal-hidrür reaktörlerin geliştirilmesi ve kullanımının yaygınlaşması amaçlı deneyler ve gözlemler yapılmıştır. Metal-hidrür yataklarda hidrojen şarj işlemlerinde optimum depolamayı elde etmek amacıyla (ısı transferini iyileştirmek, hidrojen depolama yüzdesini yükseltebilmek ve depolama süresini minimuma düşürebilmek için) deneysel çalışmalar yapılmıştır. Depolama metali olan TiFe alaşımının hidrojen depolamaya elverişli hale getirilmesi sağlanarak, farklı tasarımlarda üretimi yapılan reaktörlerde, düşük basınçlarda depolama prosesleri incelenmiştir. Deneyler sonunda kullanımı ideal olan reaktör modeli belirlenerek, TiFe alaşımının 12 bar gibi literatüre göre düşük basınçlarda verimli olarak depolama yapabileceği tespit edilmiştir.

TEŞEKKÜR

Bu Çalışma Niğde Üniversitesi Fen Bilimleri Enstitüsü Makine Anabilim Dalında 2008-2009 eğitim öğretim yılı Bahar döneminde tamamlanmıştır. Bu çalışmanın her aşamasında bana yol gösteren ve yardım eden danışman hocam Prof.Dr.Mustafa BAYRAK' a, mevcut bilimsel kaynaklarını ve fikirlerini benden esirgemeyen ve çalışmalarımda destek olan hocalarım Prof.Dr.Mahmut D. MAT ve Doç.Dr. Yüksel KAPLAN'a, maddi desteklerinden dolayı TÜBİTAK Kurumuna (104M219), 2011 yılından beri çalışmakta olduğum Gaziantep Üniversitesi' nde desteklerini benden esirgemeyen danışman hocam Prof.Dr. L. Canan Dülger ve diğer hocalarıma, ayrıca hayatım boyunca maddi ve manevi desteklerini görmekte olduğum aileme sonsuz teşekkür ederim.

KISALTMA VE SİMGELER

c_p	Özgül ısı (J $kg^{-1}K^{-1}$)
h	Isı transfer katsayısı (W $m^{-2}K^{-1}$)
H	Yatak yüksekliği (m)
H/M	Hidrojen-metal atomik oranı
m	Hidrojen absorbsiyon miktarı (kg $m^{-3}s^{-1}$)
P	Basınç (Pa)
r	Radyal koordinat (m)
R	Evrensel gaz sabiti (J $mol^{-1}K^{-1}$)
r_o	Yatak yarı çapı (m)
t	Zaman (s)
T	Sıcaklık (K)
z	Eksenel Koordinat (m)
ε	Gözeneklilik
ν	Dinamik viskozite (kg $m^{-1}s^{-1}$)
ρ	Yoğunluk (kg m^{-3})
q	Isı akısı (W)
R	Isıl direnç
k	Isı iletim katsayısı (W $m^{-1}K^{-1}$)
η_f	Kanat verimi
N	Kanat sayısı
A	Alan (m^2)
Nu	Nusselt sayısı
D	Çap (m)
G_r	Grashof sayısı
P_r	Prendtl sayısı
Ra	Rayleight sayısı
T_f	Ortalama sıcaklık (K)
M	Hidrojen absorbsiyon miktarı (kg $m^{-3}s^{-1}$)
Ea	Aktifleşme enerjisi (Şarj için)
N	Kinematik viskozite (m^2/s)
β	1/T (1/K)
q_t	Toplam ısı akısı (W)
m_s	Soğutucu akışkan sıvı debisi (kg/s)

BÖLÜM I

GİRİŞ

Dünyada, bir yandan hızla yok olduğundan bahsedilen fosil enerji kaynaklarının endişesi taşınırken diğer yandan da bilim adamlarının alternatif enerji kaynağı bulma ve geliştirme çabaları gün geçtikçe artmaktadır. Hidrojen enerjisi bu konuda yapılan araştırma ve çalışmalarda büyük bir yer kaplamaktadır [1,2].

Hidrojenin günümüzde evlerde, motorlu taşıtlarda, fabrikalarda ve daha birçok alanda temiz enerji olarak kullanılması üzerinde çalışmalar yoğun biçimde devam etmektedir. Hidrojenin kullanım alanının artması, özellikle hareketli ve taşınabilir sistemlerde hidrojenin depolanmasının önemini ortaya koymaktadır.

Doğada doğrudan bulunmayan ve birincil enerji kaynağı olmayan hidrojenin en önemli özelliği depolanabilir olmasıdır [1,2]. Günümüzde büyük miktarlarda enerji depolamak için hala uygun bir yöntem bulunamamıştır. Eğer bugün hidroelektrik santrallerinden elde edilen enerjinin depolanması mümkün olsaydı, enerji sorununu bir ölçüde çözmek mümkün olabilirdi. Ancak, elektrik enerjisi için bilinen en iyi depolama yöntemi hala asitli akümülatörlerden başka bir şey değildir [1-3].

Hidrojenin alternatif bir yakıt olarak kullanımındaki temel konulardan biri de, uygun depolama yönteminin seçimidir. Gerek sabit gerekse taşınabilir uygulamalar için hidrojenin etkin ve güvenilir tarzda depolanabilmesi gereklidir.

Taşınabilir uygulamalarda hafiflik önem kazanmaktadır [4,5]. Günümüzde halen üzerinde araştırmaları devam eden ve birbirlerine göre avantaj ve dezavantajları bulunan birçok yöntemden söz edilebilir. Herhangi bir yakıtın depolanmasındaki önemli noktalar güvenlik ve depolama tekniğinin verimliliği olarak değerlendirilmektedir. Hidrojen gaz veya sıvı olarak saf halde tanklarda depolanabileceği gibi, fiziksel olarak nano tüplerde veya kimyasal olarak hidrür şeklinde depolanabilmektedir. Halen geliştirilmekte olan hidrojen depolama yöntemleri aşağıda verilmiştir [3-6].

- Gaz Halinde Depolama
- Sıvı Olarak Depolama
- Sıvı Taşıyıcı Depolama
- Su Olarak Depolama
- Metal-Hidrür Şeklinde Depolama
- Kimyasal Yöntemlerle Depolama
- Nano Tüplerde Depolama

Değişik şekillerde depolanabilecek Hidrojen miktarı ve enerji yoğunlukları Çizelge 1.1'de verilmiştir.

Çizelge 1.1 Farklı depolama ortamlarında depolanabilecek hidrojen miktarı ve enerji yoğunlukları [7].

Depolama Ortamı	Hidrojen Miktarı (ağ.%)	Hacimce Yoğunluk* (H atomu l^{-1}) ($x10^{25}$)	Enerji Yoğunluğu*	
			MJ kg^{-1}	MJ l^{-1}
Gaz halde H_2 (150 atm)	100.00	0.5	141.90	1.20
Sıvı H_2 (-253°C)	100.00	4.2	141.90	9.92
MgH_2	7.65	6.7	9.92	14.32
VH_2	2.10	11.4	-	-
Mg_2NiH_4	3.60	5.9	4.48	11.49
$TiFeH_{1.95}$	1.95	5.5	2.47	13.56
$LaNi_5H_{6.7}$	1.50	7.6	1.94	12.77
$NaAlH_4$	7.40	-		8.25
$NaBH_4$ (katı)	10.60	6.8	-	-
$NaBH_4$-20 Sol.	4.40	-	44	-
$NaBH_4$-35 Sol.	7.70	-	77	-
Nanotüpler	1-10	-	-	-
Benzin	-	-	47.27	6.6-9.9
Metanol	-	-	22.69	5.9-8.9
* Bu değerlere tank ağırlığı dâhil edilmemiştir.				

Hidrojenin, gaz yada sıvı halde depolanmasının otomotiv ve ticari uygulamalarda pratik olmaması nedeniyle hidrojenin kimyasal olarak alaşımlarda, metallerde ve ara metallerde hidrür olarak depolandığı ve önemli derecede hidrojen depo eden metal-hidrür malzemeleri son yıllarda önem kazanmıştır.

Metal-Hidrür yataklarda hidrojen depolanması ile ilgili olarak son yıllarda birçok çalışma yapılmıştır [8-40]. Depolayıcı malzemelerin seçilmesi ve geliştirilmesi üzerine yapılan çalışmalar aşağıda verilmektedir [8-18] ;

Hidrojenin metal hidrür reaktörlerde kimyasal olarak depolanması göz önüne alındığında Ti, Mg, La ve Na gibi metaller dikkat çekmektedir [8,9].

Sakintuna ve arkadaşları [10] literatürde bulunan Mg tabanlı metal hidrürler (MgH_2, Mg_2NiH_4), kompleks hidrürler (Li, Na ve Al) ve intermetalik bileşikleri içeren detaylı bir araştırma sunmuşlardır. Bu çalışmada şarj/deşarj edilen hidrojen miktarı, metal hidrürün termal stabilitesi, şarj/deşarj kinetiği, termodinamik ve termofiziksel özellikler, kristal yapı ve segregasyon veya karbonizasyon gibi yüzey işlemleri incelenmiştir. Alaşımlar arasında diğer metal hidrürlere göre daha düşük sıcaklık ve basınçlarda yüksek miktarlarda hidrojen depolama özelliği ile $LaNi_5$ dikkat çekmektedir. Ayrıca $LaNi_5$ hidrojen şarj/deşarj sırasında değişmeyen tane boyutu ve faz içeriği ile düşük çalışma sıcaklıklarına olan toleransı gibi termofiziksel özelliklerinin yanısıra şarj/deşarj döngü sayısının oldukça fazla olması gibi önemli bir avantajı da beraberinde sunmaktadır.

Güvendiren ve Öztürk [11] ise magnezyuma mekanik öğütme ve hidrojenerasyon sırasında eklenen maddeler üzerinde yoğunlaşmıştır. Grafit ve alümina gibi bazı ilavelerin magnezyumun kütlece hidrojen depolama kapasitesini %6 kadar arttırdığı belirlenmiştir.

Chi ve arkadaşları [12] magnezyum için benzer bir çalışmayı benzen ile yapmıştır. Mekanik öğütme sırasında eklenen benzen magnezyuma düşük çalışma sıcaklıklarında yüksek hidrojen tutma kapasitesinin yanı sıra ve yüksek basınçlarda çalışabilme özelliği de kazandırmıştır. Ayrıca, farklı öğütme koşullarının yüzey morfolojisini belirgin bir şekilde değiştirdiği sonucuna varılmıştır.
TiFe alaşımı, doğada fazla bulunması ve ucuz olması nedeniyle metal-hidrür malzemeler arasında dikkat çekmektedir. Bu çalışmalar arasında Saita ve Arkadaşları [13] aktivasyon ve şarj-deşarj esnasında zamandan büyük ölçüde tasarruf sağlanabileceğini ortaya koymuş ve %1,7 lik bir depolama sağlamışlardır.

Takasaki ve Arkadaşları [14] ise TiFe alaşımı için maksimum atomik kütle oranını 1,74 olarak bulmuşlardır. Ayrıca, Titanyum temelli diğer alaşımlarda ağırlıkça hidrojen depolama değerini %2,52 olarak tespit etmişlerdir.

Kınacı ve Aydınol [15], TiFe' deki demirin yapısının hidrojen depolaması esnasında elektron yoğunluğunun artmasına sebep olduğunu tespit etmişlerdir.

Berlois ve Arkadaşları [16] Metal-hidrür reaktörlere katılan karbon vasıtasıyla yüzeydeki oksitlerin azaldığını ve bu sebeple depolama oranın yükseldiğini ve metal zehirlenmesinin büyük oranda engellendiğini görmüşlerdir.

Wong ve Arkadaşları [17] benzer bir çalışmada TiFe' ye La ilavesinin aktivasyon üzerindeki etkisini incelemişlerdir. Çalışmada kütlece %5'lik La ilavenin aktivasyon değerlerini önemli ölçüde arttırdığı sonucuna varılmıştır.

Yamashita ve Arkadaşları [18] TiFe' deki demirin kurşun ile birlikte aktivasyon karakteristiğinin geliştiğini görmüş ve kurşunun elektroşarj kabiliyetini arttırdığını tespit etmişlerdir. Depolama esnasında düşük miktarlarda Pb ilave edilmesinin depolama verimliliğini arttırdığını göstermişlerdir.

Metal-hidrür şeklinde hidrojen depolamada metal-hidrür malzemenin öneminin yanı sıra metal-hidrür tank tasarımı da önemli olmaktadır. Hidrojenin şarjı sırasında açığa çıkan ısıyı kısa sürede uzaklaştırmak ve deşarj sırasında gerekli ısıyı kısa sürede tanka verebilmek için metal-hidrür tanklarda reaktör ve ısı değiştiricisi dizaynı kullanılmaktadır.

Metal-hidrür reaktör dizaynı üzerine yapılan bazı çalışmalar ise şöyledir [19-26] ;

Melloulia ve arkadaşları [19] şarj esnasında sıcaklığı düşürmek amacıyla hidrid yatak içerisine spiral ısı değiştirici tasarlayıp meydana gelen ısı transferlerini deneysel olarak incelemişlerdir. Yapılan çalışmalar sonucunda ısı değiştiricisi kullanımının şarj ve deşarj zamanı %80 civarında iyileştirdiği tespit edilmiştir.

Kikkinides ve arkadaşları [20] geliştirdikleri matematiksel modeli ortak merkezli tüp ve silindirik ısı değiştirici dizaynları için nümerik olarak çözmüştür. Çalışmada içten ısı değiştiricili sistemlerin depolama zamanı, ekonomikliği ve güvenliği nedeniyle daha uygun olduğu sonucuna varılmıştır.
Pons ve arkadaşları [21] yaptıkları çalışmada farklı yaklaşımlarla ısı iletkenliklerini arttırmaya çalışmışlardır. Reaktörde depolayıcı metal arasına alüminyum köpükler koyarak ısı iletiminin yükseltilmesi sağlanmıştır.

Gopal ve Murthy [22] MmNi4.5Al0.5 alaşımından yapılmış metal-hidrür reaktörlerde hidrojen şarj/deşarj işlemlerinde değişik soğutucu akışkan sıcaklığının etkisini deneysel ve nümerik olarak araştırmıştır. Çalışmada hidrojen şarjının düşük soğutucu akışkan sıcaklığında arttığı bulunmuştur. Gopal ve Murthy tarafından yapılan diğer bir çalışmada ise [23] yatak kalınlığının artmasıyla, reaktör üzerindeki ısı transferinin de arttığı görülmüştür. Ayrıca, soğutucu akışkan sıcaklığının düşmesiyle depolama veriminin arttığını tespit edilmiştir.

Oi ve arkadaşları [24] geliştirdikleri plaka-kanatçık tipi ısı değiştiricili metal hidrür reaktörlerdeki ısı transferini deneysel ve nümerik olarak incelemişlerdir. Hidrojen şarj işlemi esnasında deneysel çalışmadan elde edilen sonuçlar ile nümerik sonuçlar birbirine yakın çıkarken deşarj işlemi esnasında elde edilen sonuçlar arasında önemli farklılıklar tespit edilmiştir. Bu durum nümerik çalışmada kullanılan metal hidrür malzemesinin ısıl iletkenlik katsayısı ile porozite değerlerinin gerçek değerlerle birebir örtüşmemesine bağlanmıştır.

MacDonald ve Rowe [25] metal hidrür reaktörden ortama olan ısı transferinin üzerine yoğunlaşmış ve reaktöre eklenen kanatçıkların ısı transferine etkisini incelemiştir. Ayrıca istenilen H/M oranını elde edebilmek adına kanatçıkların önemi geliştirilen tek boyutlu rezistans analizi ve iki boyutlu transient model ile ele alınmıştır. Eklenen kanatçıkların reaktör içerisindeki hidrojen basıncı üzerinde önemli bir etkisinin olduğu tespit edilmiştir. Nümerik çalışma sonrasında gerek sistem ağırlığını gerekse de maliyeti azaltmak için içi boş bir reaktör geliştirmenin daha uygun olacağı ortaya konulmuştur.

Kaplan [26] $LaNi_5$ depolama metalini kullanarak ve ısı transferinin depolama zamanına etkisini de dikkate alarak; normal, kanatlı ve soğutucu akışkanlı olmak üzere yeni 3 farklı reaktör tasarımı yapmış ve bu reaktörlerin depolama esnasında deneysel olarak sıcaklık analizlerini farklı basınçlarda incelemiştir. Analizler sonucunda soğutucu akışkan kullanılan reaktörün normal rektöre göre %70 daha fazla zamana bağlı verim verdiği tespit edilmiştir.

Literatürde metal-hidrür tanklarda hidrojen depolama üzerine yapılan teorik çalışmalar ısı ve kütle transferi üzerine önemli bilgiler ortaya koymaktadır.

Metal-hidrür yataklarda ısı ve kütle transferi üzerine yapılan çalışmalar ise aşağıda verilmiştir [27-40] .

Muthukumar ve arkadaşları [27] metal hidrür yataklarda hidrojeni depolamak için değişik koşullarda analizler yapmışlardır. Depolama aygıtı olarak AB_5 alaşımının kullanıldığı çalışmalarda sonuç olarak akış sıcaklığını azaltarak düşük basınçlarda dahi depolama yapılabildiğini tespit edip, ısı transfer katsayısını artırarak şarj ve deşarj işlemlerini de kolaylaştırmışlardır.
Jemni ve Nasrallah [28] ise bu konuda denge basıncı ve reaksiyon kinetiğinde ısı iletiminin etkisini saptamak için hem deneysel hem de nümerik olarak çalışmıştır. Biri katı ve gaz fazlarının ayrı ayrı ele alındığı ve diğeri her iki fazın karışım olarak incelendiği iki farklı matematiksel model geliştirilmiştir. Çalışmada sıcaklık ve denge basıncının süre açısından etkili olduğu tespit edilmiştir. Jemni ve Nasrallah başka bir çalışmasında ise [29] hidrojen tankına bağlanan metal hidrür reaktöre şarj sırasındaki

hidrojen transferini zamana bağlı olarak ortaya koyan bir simülasyon sunmuştur. Yapılan çalışmada reaktör boyutları, reaktör giriş çapı, reaktör hacmi, reaktördeki başlangıç basıncı ve hidrojen miktarının aktivasyon üzerindeki etkisi incelenmiştir. Çalışma sonrasında giriş çapının ve reaktörde metal bulunmayan kısımların depolama kapasitesi üzerinde bir etkisinin olmadığı sonuçlarına varılmıştır.

Gambini [30] şarj/deşarj oluşumuna etki eden proses parametreleri teorik ve deneysel olarak incelemiştir. Elde edilen teorik sonuçlarla deneysel sonuçları karşılaştırmış ve geliştirilen matematiksel modelin geçerliliği doğrulanmıştır. Gambini tarafından yapılan diğer bir çalışmada ise [31], hidrojenin kullanım alanlarından biri olan ısı pompaları üzerine basit bir model geliştirilmiştir. Geliştirilen bu model deneysel sonuçlarla karşılaştırılmış ve kullanılabilirliği test edilmiştir.

Sun ve Deng tarafından [32] metal-hidrür yataklarda zamana bağlı ısı ve kütle transferi için bir matematiksel model sunulmuştur. Silindirik ve kartezyen koordinatlarda ısı ve kütle transferini bir ve iki boyutlu olarak incelemişlerdir. Bu çalışmada diferansiyel denklemler sonlu farklar metodu kullanılarak çözülmüştür. Bu çözümden elde edilen nümerik sonuçlarla deneysel sonuçların uyum içinde olduğu görülmüştür. Sun tarafından yapılan diğer bir çalışmada ise [8] hidrür reaktörlerinin tasarlanmasının, metal-hidrür reaktörlerinin maliyeti ve performansı üzerindeki etkisi incelenmiştir. Optimum ısı performansı için bu reaktörlerin en uygun tasarımda olmasının önemli olduğu gösterilmiştir.

Mayer ve arkadaşları [33] metal-hidrür yatağı matematiksel olarak modellemiş, şarj esnasında ısı ve kütle transferini incelemişlerdir. Çalışmalarında hidrür oluşumu, basınç ve sıcaklığın zamana ve yatak çapına bağlı olarak değişimlerini incelemişlerdir. Yatak çapının daralmasıyla depolanacak hidrojen yüzdesinin artacağı tespit edilmiştir.

Asakuma ve arkadaşları [34] La-Ni-Al alaşımın -80 ile 140°C arası sıcaklık ve 10^{-5} ile 100 bar arasında değişen basınçlarda depolama kapasitesini deneysel olarak incelemiştir. Çalışmada argon, helyum ve nitrojen koruyucu gaz olarak kullanılmıştır. Ayrıca, hidrojenin metal yüzeylerle olan kontak alanı değiştirilerek metal hidrür yatakların ısıl iletkenlikleri incelenmiştir. La-Ni-Al yataklardaki hidrojen depolama özelliği için bir matematiksel model geliştirilmiştir. Yüksek çalışma basınçlarında daha yüksek ısıl iletkenlik elde edilmiştir. Geliştirilen matematiksel model nümerik olarak çözülmüş ve geçerliliği deneysel çalışmalarla test edilmiştir. Yüksek çalışma basınçlarında deneysel çalışmadan elde edilen sonuçlar ile nümerik sonuçlar arasından farklık ortaya çıktığı tespit edilmiştir. Ortaya çıkan bu farklılık ise matematiksel modeldeki tanecik-hidrojen temas noktaları arasındaki minimum kontak alanı kabulüne bağlanmıştır. Ayrıca, deneysel çalışma, bazı organik ve inorganik madde eklemelerinin hidrojen depolamasını önemli derecede iyileştirdiği göstermiştir.

Demircan ve arkadaşları [35] $LaNi_5$ reaktörlerdeki hidrojen şarj işlemini deneysel ve teorik olarak incelemişlerdir. Çalışma sonunda, depolama süresinin depolama esnasında oluşan ısıdan dolayı arttığını tespit etmişlerdir. Bunu önleyebilmek için ise reaktör yüzey alanının artması gerektiğini vurgulamışlardır.

Mat ve Kaplan [36] $LmNi_5$-H_2 reaktöründe hidrojen depolama işlemini nümerik olarak incelemişlerdir. Çalışmalarında hidrür yatakta gerçekleşen kompleks ısı ve kütle transferini ve kimyasal reaksiyonu göz önüne almışlardır. Nümerik sonuçlar, hidrür oluşumunun denge basıncından önemli ölçüde etkilendiğini göstermiştir. Hidrür oluşumunun özellikle soğutulan cidar yakınlarında hızlı, merkez bölgelerinde ise yavaş olduğunu göstermişlerdir. Bir sonraki çalışmada Mat ve arkadaşları [37] hidrür oluşumunu üç boyutlu (3D) olarak modellemişlerdir. Bu çalışmada basınç, sıcaklık ve reaksiyon hızı gibi parametrelerin hidrür oluşumuna etkilerini incelemişler ve elde ettikleri sonuçlarla deneysel sonuçları karşılaştırmışlardır. Elde edilen nümerik sonuçların deneysel sonuçlarla uyum içinde olduğunu göstermişlerdir.

Kaplan ve Veziroğlu [38] $LaNi_5$-H_2 reaktöründe hidrojen depolama işlemini iki boyutlu olarak modellemiş ve nümerik olarak çözmüşlerdir. Çalışmada elde edilen sonuçlar benzer deneysel çalışmalarla karşılaştırılmış ve sonuçların yakın olduğu görülmüştür.

Mat ve arkadaşları [39] yaptıkları diğer bir çalışmada ise $LaNi_5$ reaktöründe ısı ve kütle transferi ile kimyasal reaksiyonu iki (2 D) ve üç boyutlu (3 D) olarak incelemişlerdir. İki boyutlu ve üç boyutlu incelemelerde hidrür oluşumunun aynı olduğunu görmüşler ve bu problemin akıştan kaynaklandığını tespit etmişlerdir. Hidrür oluşumunu üç boyutlu modelleyerek akışlı ve akışsız durumlar için çözmüşler ve deneysel sonuçlarla karşılaştırmışlardır. Deneysel ve nümerik sonuçların yakın olduğu belirlenmiştir.

Askri ve arkadaşları [40] kapalı silindir bir reaktör için zamana bağlı ısı ve kütle transferini ortaya koyan teorik bir model geliştirmişlerdir. Ayrıca, yapılan çalışmada gaz hacmi, reaktörün çapının uzunluğuna oranı ve reaktörde başlangıçta bulunan hidrojen miktarı gibi önemli parametreler incelenmiştir. Reaktör çapı/uzunluk oranı değerinin düşmesi ile depolama oranının iyileştiği görülmüştür.

Son zamanlarda yapılan çalışmalar incelendiğinde, Metal-Hidrürlerin diğer hidrojen depolama tekniklerine göre maliyetinin yüksek olması ve düşük aktivasyonları nedeniyle günümüzdeki uygulamalarda yetersiz kaldığı görülmektedir. Ancak, güvenli olması, az yer kaplaması ve düşük basınçlarda, yüksek miktarlarda hidrojen depolanabilmesi nedenlerinden dolayı ise Metal-Hidrürler üzerindeki çalışmalar yoğunlaşmıştır. Metal-Hidrür Yataklarda hidrojen depolama işleminde reaktör tasarımı ve depolayıcı metal seçiminin önemli olduğu görülmektedir. Çalışmaların genellikle düşük basınçlarda depolayabilme özelliği nedeniyle $LaNi_5$ tabanlı metaller üzerinde ve yüksek depolama oranı özelliğinden dolayı Magnezyum tabanlı alaşımlar üzerinde yoğunlaştığı görülmüştür.

TiFe alaşımları deşarj sıcaklığının çok yüksek olması, depolama basıncının yüksek olması ve zor aktivasyonları sebebiyle depolama amaçlı olarak çok fazla tercih edilmemiştir. TiFe tabanlı metaller $LaNi_5$ tabanlı metallere göre daha fazla hidrojen depolamasına rağmen bu konuda henüz yeterli çalışma bulunmamaktadır.

Bu tez çalışmasında, literatürde yetersiz olan aktivasyon özelliklerini geliştirmek ve en uygun reaktör modelini tespit etmek amacıyla TiFe alaşımlı farklı tasarımlardaki reaktörlerin şarj esnasındaki ısı ve kütle transferi deneysel olarak incelenmiştir.

BÖLÜM II

TEORİK ÇALIŞMA

2.1 Metal-Hidrür Yataklarda Hidrojen Depolama Yöntemi

Hidrojen bağımsız bir enerji kaynağı olması itibariyle dünya ülkelerinin kendisi üzerine yoğunlaşmasını sağlamıştır. Ancak hidrojenin depolanması önemli bir sorun olarak ortaya çıkmaktadır. Kullanımda olan mevcut yöntemlerin depolanma oranları yüksek olmasına rağmen güvenlik açısından tehdit edici özellikleri dikkat çekmektedir. Ayrıca depolamanın ucuza mal edilmesi de ekonomik açıdan önem arz etmektedir. Günümüzde depolama problemini giderebilmek için bilim adamları yoğun olarak çalışmakta ve yeni depolama yöntemlerini geliştirmektedirler. Bu yöntemler içerisinde ise en popüler olan hidrojeni Metal-Hidrür yataklarda depolama metodudur.

Hidrojen kimyasal olarak metallerde, alaşımlarda ve ara metallerde hidrür olarak depolanabilmektedir. Aynen bir sünger gibi depolama özelliği olan metaller sanki süngerin su emişi gibi hidrojeni içlerinde depolamaktadır. Bu depolama yöntemlerinde ise sıcaklık ve ısının büyük etkisi vardır. Bu tür uygulamalarda "reaktör" de ısı ve sıcaklık kontrolü önem kazanmaktadır [38].

$$M + \frac{x}{2} H_2 = MH_x + Isı \qquad (2.1)$$

Depolama reaksiyonu basit olarak yukarıda gösterilmiştir. Şarj ve deşarj işlemlerinde yön değiştirebilir. Yani depolama ekzotermik (reaksiyon ürünü olarak ısı açığa çıkması) bir reaksiyon ile gerçekleşirken, deşarj işlemi de endotermik (Isı alarak reaksiyonun gerçekleşmesi) bir reksiyondur. Metal-hidrür reaktörlerde şarj ve deşarj esnasında gerçekleşen reaksiyonun şematik görünümü Şekil 2.1' de verilmiştir.

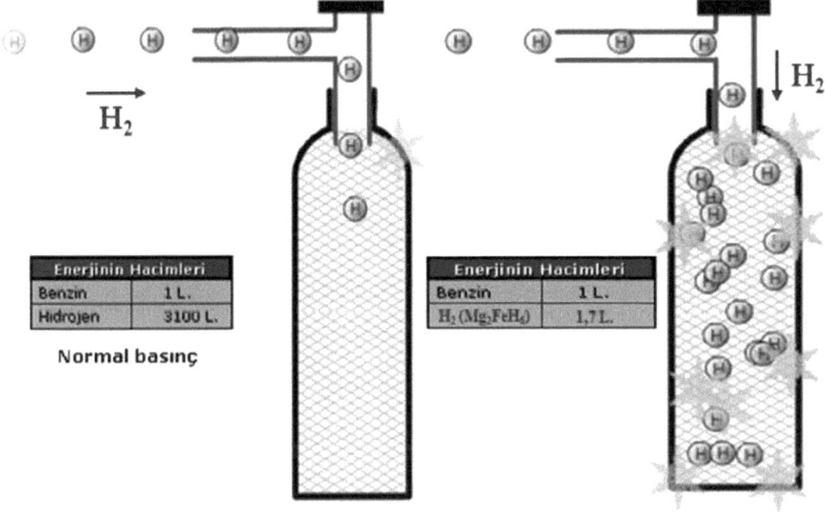

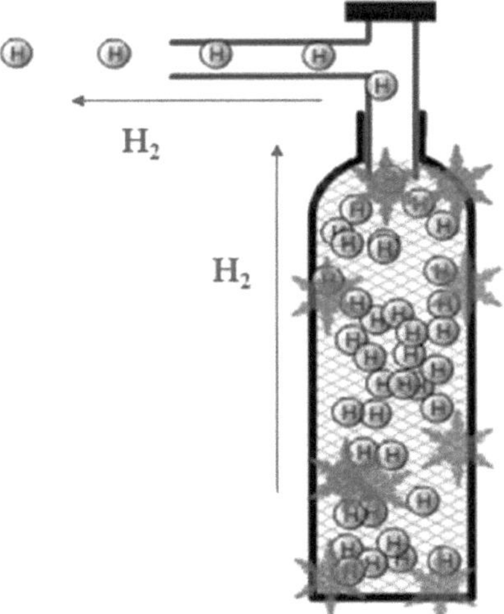

Şekil 2.1 Hidrojenin metal-hidrür yataklarda şarj-deşarj esnasında gerçekleşen olaylar [4].

Metal-Hidrür reaktörler düşük basınçta depolama kabiliyeti, hidrojeni daha kolay yollar ile kullanılabilir hale getirebilmesi ve hacimce küçük olması yönünden dikkat çekici özelliklere sahiptir.

Metal-Hidrür reaktörlerle ilgili şu ana kadar yapılan çalışmalarda reaktör ve hidrojen ağırlığı göz önüne alınarak en fazla %10 kadar bir hidrojen depolama miktarı elde edilmiştir. Ancak depolama kapasitesinin yüksek olması, depolama yönteminin doğru ve verimli olduğunun bir kanıtı olmamaktadır. Bunun için hidrojenin şarj - deşarj proseslerinin süresi ve hidrojeni kullanım anına kadar verilen enerjinin minimum olması gerekmektedir. Bu açıdan bakıldığı zaman reaktör tasarımının ve depolanacak metal türü ve miktarının iyi tespit edilmesi gerektiği ortaya çıkmaktadır.

Pratik uygulamalarda yapmış olduğumuz deneylere göre hidrojen dolum reaktörünün tasarlanmasında ve depolama malzemesi seçiminde amaçlanan özellikler belirlenmiştir. Bu özellikler aşağıda sıralanmıştır;

- Depolama kapasitesinin olabildiğince yüksek olması
- Düşük sıcaklıklarda geri dönüşüm yapılabilmesi
- Yaklaşık oda sıcaklığında depolama yapılabilir olması
- Olabildiğince yüksek depolama miktarı
- Reaktör üzerinden ısıyı uzaklaştıracak ve ısının emilimini kolaylaştıracak yapı geliştirilmesi
- Reaksiyonların olabildiğince optimum süreye indirgenmesi.

Uluslarası Enerji Ajansı (IEA) ve A.B.D. Enerji Bakanlığı otomotiv uygulamaları için hedef değerlerini ;

- Depolama kapasitesi > % 5-6,
- Geri bırakım sıcaklığı <150 °C ve

- Kullanım ömrü >1000 dolum

olarak tespit etmişlerdir [41].

2.2 Depolayıcı Metal Belirlenmesi ve Metal Yapısının Depolamaya Katkısı

Depolama metalinin seçiminde, Hidrojen depolama açısından değişik türdeki hidrürlerin değerlendirilmesi Douglas ve Derek [42] tarafından verilmektedir. Depolama ve geri bırakım rahatlığı açısından oluşturulan hidrürün çok kararlı olmaması temel bir özelliktir. Bu tarzda hidrojen depolayabilen farklı sistemler ana olarak AB_5, AB, AB_2, AB_3+A_2B_7 arametalleri ve Mg esaslı alaşımlar olarak verilmektedir [42]. T.Raissi ve arkadaşlarının [43] yaptığı çalışmada ise bir çok metal hidrür kinetikliği ve depolama yüzdeleri bakımından kıyaslanmıştır.

Güvendiren ve arkadaşları [44] Magnezyumun depolama oranını yüksek bulduklarından bu metalin iyileştirilmesi üzerine çalışmışlar ve magnezyumun çok yüksek sıcaklıklarda deşarjının, verimlilik açısından engel olduğu görülmüştür. Kinetiğin iyileştirilmesi üzerine mekanik öğütmede bazı ilavelerin (V, Ti, Ni, Cu, Fe gibi), metal oksit (CuO, Al_2O_3, V_2O_5 gibi), ara metal ($LaNi_5$, FeTi gibi)] daha olumlu sonuç verdiğini tespit etmiştirler. Fakat yine de beklenenin üzerinde bir aktivasyon sıcaklığının olması Mg alaşımlı depolama sistemlerinin olumsuz yönü olarak görülmektedir. AB_5 ve AB arametalleri (örneğin, sırası ile $LaNi_b$ ve Fe-Ti) düşük basınçlar ve oda sıcaklıklarında depolama yapabilmektedirler. Fakat zehirlenmesi üzerine(Hidrojen depolayıcı malzemeler gaz içersinde O_2, H_2O, CO veya CO_2 olması durumunda) gaz emici özelliklerini kalıcı olarak yitirmektedirler. Zehirlenme olarak isimlendirilen bu olgu nedeni ile hidrojen depolayıcı malzemelerin bu gazları içeren ortamlardan uzak tutulması gerekmektedir. Özellikle AB_5'in deşarj sıcaklığı diğer alaşımlara göre daha düşüktür.

Güvendiren ve arkadaşlarının [44] yapmış olduğu çalışmada saf MgH_2 kullanılması durumunda depolamanın gerçekleştiği, fakat Şekil 2.2 ve Şekil 2.3' de görüldüğü üzere reaktör deşarj sıcaklığının 250-350 °C gibi yüksek bir değer olduğu görülmüştür. Bunun için enerji yoğunluğu daha yüksek olan Mg alaşımı tercih edilmesi daha mantıklıdır. Şekil 2.3' te de görüldüğü gibi saf magnezyuma çok düşük miktarda bir katkı malzemesi ile alaşım yaparak depolanan hidrojen yoğunluğunun yükselebileceği görülmüştür.

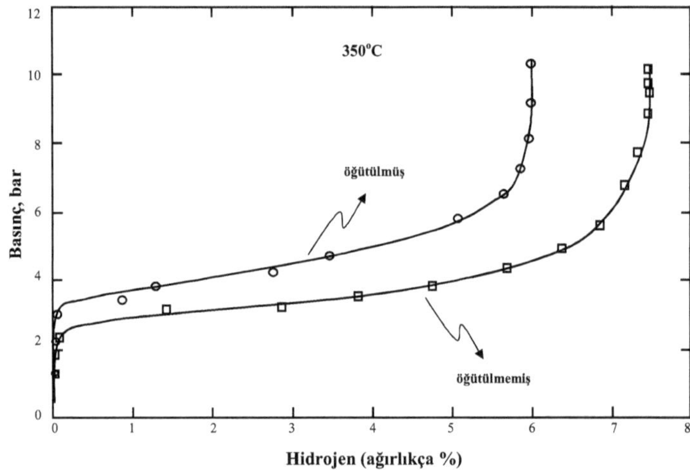

Şekil 2.2 Katkı maddeleri ile yapılan öğütme sonucunda magnezyumda elde edilen basınç-kompozisyon izotermi [3].

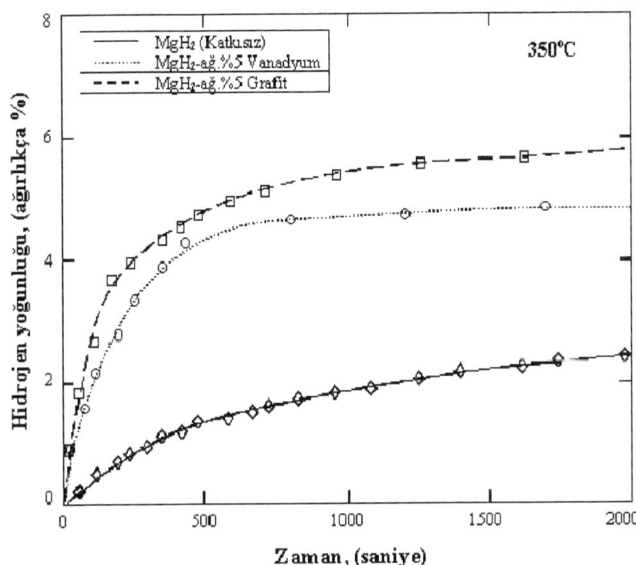

Şekil 2.3 Magnezyum, magnezyum-vanadyum ve magnezyum-grafit sisteminde hidrojen emilim hızı [3].

Farklı metal alaşımlarda hidrojen depolama karakteristikleri ve kapasiteleri Çizelge 2.1'de verilmiştir.

Çizelge 2.1 Hidrojen depolamak için metal-hidrür alaşımlarının karakteristik özellikleri (T-Raissi1996) [43].

Depolam Alaşımı	**%H_2 (ağırlıkça) (tank ağırlığı yok)**	**Hidrojeni ayrıştırma Basıncı (bar)**	**Hidrojeni Ayrıştırma Sıcaklığı (°C)**	**Isı Oluşumu (kj/mol)**
MgH_2	7,6	1,0	290	-75,5
$Fe_{0,8}Ni_{0,2}TiH_6$	5,5	1,0	80	
Mg_2NiH_4	3,6	1,0	250	-64,5
$Ti_{0,9}Zr_{0,1}Mn_{0,15}V_{0,2}Cr_{0,4}H_{3,2}$	2,1	9,0	20	-29,3
$Ti_{0,98}Zr_{0,02}V_{0,45}Fe_{0,10}Cr_{0,05}Mn_{1,5}H_{3,4}$	2,1	10,0	24	
$TiFeH_{1,9}$	1,8	10,0	50	-23,0
$TiFe_{0,85}Mn_{0,15}H_{1,9}$	1,8	5,0	40	
$TiMn_{1,5}H_{2,47}$	1,8	7,0	20	-28,5
$Ti_{0,8}$Zr0,2$Cr_{0,8}Mn_{1,2}H_{3,0}$	1,8	5,0	20	-28,9
$Ti_{0,8}Zr_{0,2}Mn_{1,8}Mo_{0,2}H_{3,0}$	1,7	~58	20	-7,0
$MmNi_{4,5}Mn_{0,5}H_{6,6}$	1,5	~58	50	-4,2
$LaNi_5H_{6,7}$	1,4	~58	50	-7,2
$MmNi_5H_{6,3}$	1,4	~493	50	-6,3
$LaNi_{4,6}Al_{0,4}H_{5,5}$	1,3	~29	80	-9,1
$TiCoH_{1,4}$	1,3	~15	130	-1,38

Çizelgede 15 farklı alaşımın karakteristik özelliklerine bakıldığında Titanyum temelli hidrürlerin genel itibariyle düşük sıcaklıklarda (30-100°C) hidrojen verdikleri görülmektedir. Bu sayede hidrür tanklarının kullanım alanlarında daha az enerjiyle çalışabilmeleri sağlanmaktadır. TiFe alaşımının ise maksimum depolama kapasitesinin diğer alaşımlardan fazla olduğu görülmektedir. Bu sebeple bu çalışmada TiFe alaşımlarını kullanılması tercih edilmiştir.

Depolayıcı metal alaşımının depolamada verime katkısı olduğu kadar depolayıcı metalin boyutu da önemlidir. Yani depolayıcı metalin parçacık boyutu ne kadar küçük olursa depolama yüzeyi artacağından alınan hidrojen basıncı ve depolanan hidrojen miktarı da artacaktır. Şekil 2.4'de TiFe alaşımının öğütme süresine bağlı SEM görüntüleri verilmiştir [45]. Uzun süreli öğütme uygulanan tozların tane boyutu küçüldüğü gibi daha homojen bir dağılım ortaya çıkmıştır.

Şekil 2.4 Farklı öğütme sürelerindeki alaşımların depolama sonrasında gözlemlenmesi (SEM)[45].

TiFe' in en önemli sorunlarınlarından birisi ise zehirlenme olayının kolay, dolayısı ile aktivasyon işleminin zor olmasıdır. Zehirlenmenin önüne geçmek için ise karbon, vanadyum ve kurşun gibi elementlerin eklenmesi yaygındır. [11,14-15,18].

TiFe alaşımlarının depolama kapasitesi %1,8 olmasına rağmen gerçekte bu değere ulaşmak zordur. Özellikle bu sonucu elde edebilmek için ise çok yüksek basınçlarda çalışmak gereklidir. 15 MPa yani 150bar'da dahi %0,9 seviyelerine ulaşılabilinmiştir [46].

Burada önemli olan diğer bir husus ise depolama esnasında oluşan ısıyı sistemden hızlı bir şekilde uzaklaştırarak, depolanan hidrojen miktarının zamanla arttırılmasıdır. Reaktör dizaynları da zaten bu amaçlı yapılmaktadır. Depolama esnasında oluşan ısı ne kadar hızlı sistemden uzaklaştırılırsa depolama da o kadar hızlı olmakta ve depolama yüzdesi de buna bağlı olarak artmaktadır [3-4, 28-31].

2.3 Yatak Geometrisinin Hidrür Oluşumuna Etkisi

Farklı bir çalışmada ise, reaktör boyutunun depolamaya etkisi incelenmiştir [52]. Yani reaktörün eninin boyuna oranının da reaktörde depolama ve sıcaklık değişimine etkisi görülmüştür. Şekil 2.5 de sabit hacimli reaktör için farklı çaplarda r/H oranın değişimi verilmiştir.

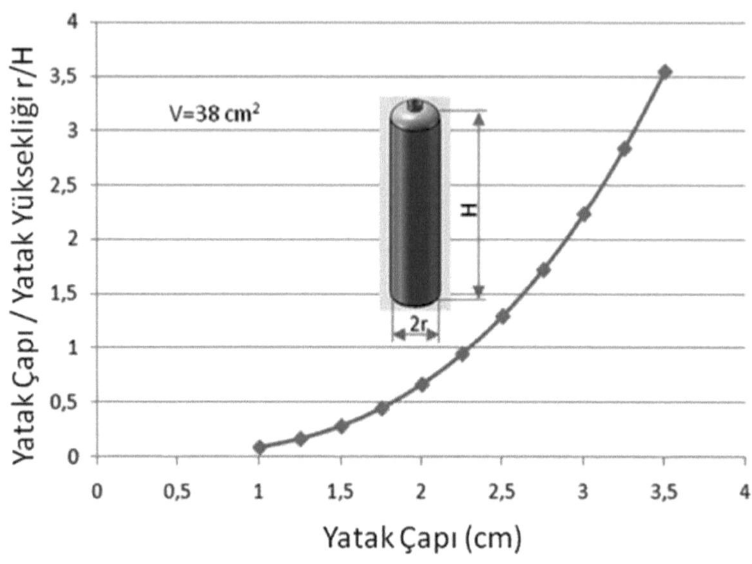

Şekil 2.5 Reaktör çapının r/H oranına etkisi

Şekil 2.6 da r/H (yatak yarıçapının yüksekliğe oranı) oranının hidrür oluşumuna etkisi verilmiştir [52]. r/H oranı etkisi $0.1 \leq r/H \leq 1$ aralığında araştırılmıştır. Şekil 2.6' da hidrür oluşum hızının zamana göre ve $r=R_0/2$ ve $z=H/2$ deki değişimi gösterilmektedir. H/M oranının bütün yatak içindeki dağılımı ortalama değer alınarak verilmiştir. r/H oranının küçük değerlerde hidrürleşme reaksiyonu önemli ölçüde hızlanmıştır. Küçük r/H oranı ince ve uzun yatağa karşılık gelmektedir. Bu sonuç bize r/H oranının reaktör tasarımında çok önemli bir faktör olduğunu gösterilmektedir.

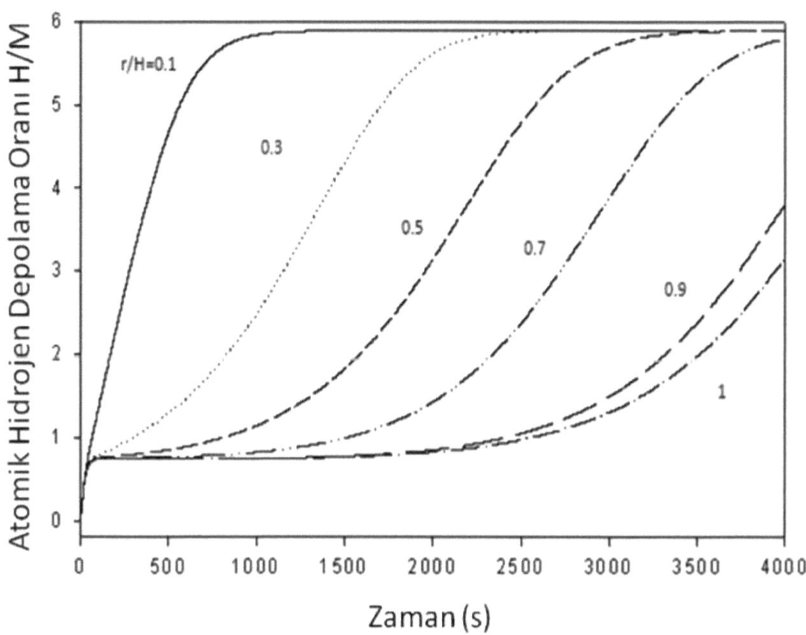

Şekil 2.6 Yatak geometrisinin hidrür oluşumuna etkisi [52].

Yatak malzemesi düşük derecede ısıl iletkenliğe sahip olduğundan r/H oranı küçük olan hidrür yataklar sayesinde çok daha iyi bir ısı transferi elde edilebilir. Yani hidrürleme süresini kısaltmak için yatak yarıçapının mümkün olduğu kadar küçük seçilmesi gerekmektedir [52]. Şekil 2.7' da r/H oranına bağlı olarak sıcaklığın zamana göre değişimini göstermektedir. r/H=1 oranında $r=R_0/2$ ve z=H/2'de sıcaklık t=3000 saniyeye kadar önemli ölçüde değişmediği görülmektedir. Ancak r/H=0,1 için sıcaklık bu noktada denge durumuna daha kısa bir sürede (yaklaşık 100 saniye) ulaşmaktadır. Buradan da anlaşılmaktadır ki reaktör çapının küçülmesi ile denge durumuna daha rahat gelinmektedir. Bu sebeple deneysel çalışmalarda r/H oranı küçük olan reaktör tipleri kullanılacaktır.

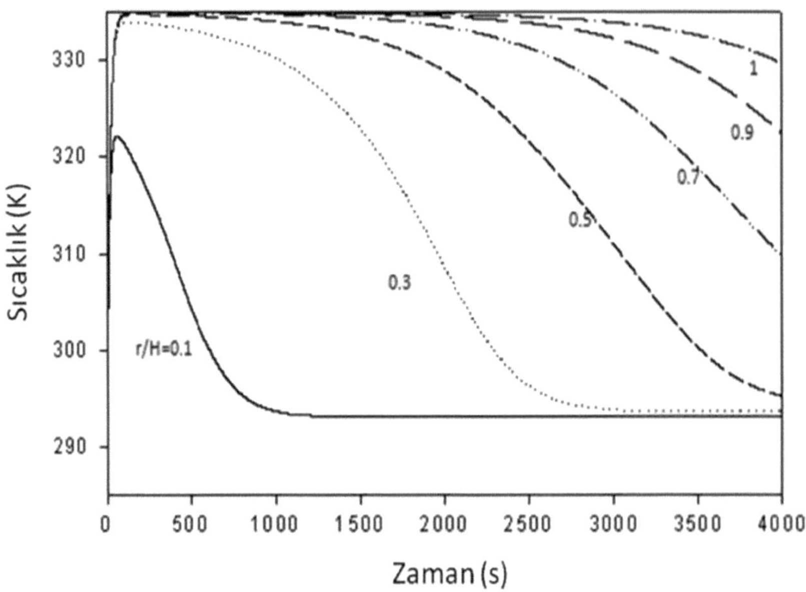

Şekil 2.7 Farklı yatak geometrisinde sıcaklığın zamana göre değişimi [52].

BÖLÜM III

DENEYSEL ÇALIŞMA

Bu çalışma kapsamında, TiFe alaşımı kullanılarak metal-hidrür reaktörlerde hidrojen depolama karakteristiğini arttırarak düşük basınçta, hızlı ve yüksek oranda hidrojen depolanabilmesini sağlamak amacıyla deneysel çalışmalar yapılmıştır. Güvenli hidrojen kullanımının yaygınlaşması ve metal-hidrür rektörlerin kullanılabilmesi açısından bu parametreler önemlidir.

Düşük basınçta, kısa sürede ve yüksek oranda metal-hidrür reaktörlerde hidrojen depolanabilmesi için metal alaşımının öğütülmesi, alaşımın depolama yeteneğinin arttırılması ve oksijenle temas anında zehirlenme yatkınlığının azaltılması için karbon ilavesinin yapılması, ard arda şarj-deşarj yapılarak reaktör aktivitesinin arttırılması ve farklı yapıdaki reaktörlerin depolama ve depolama süresine etkisinin incelenmesi gibi parametreler önemlidir.

Bu çalışmada yukarıda sayılan tüm parametreler kullanılarak TiFe alaşımının hidrojen depolama özelliğinin arttırılması sağlanmıştır. Yani TiFe alaşımlar için literatürde geçen yüksek basınçlar aksine daha düşük basınçlarda da hidrojenin depolanabilmesi için gerekli koşulların elde edilmesi araştırılmıştır.

3.1 Metal-Hidrür Reaktör Seçimi

Jemni ve Arkadaşlarının [45] sunduğu (3.1) ve (3.2) denklemine göre depolama anında reaktördeki sıcaklığın artışı zamanla depolama miktarının azalmasına neden olacaktır. Aynı zamanda hidrojen deşarjı sırasında da reaktörden hidrojeni deşarj edebilmemiz için reaktörün ısıtılması gerekmektedir.

$$M + \frac{x}{2} H_2 = MH_x + Isı \qquad (3.1)$$

Yukarıdaki denklemde de görüldüğü gibi ısı ile depolama doğrudan ilişkilidir. Isı transferinin iyi olması reaktörün depolama kabiliyetinin yüksek olması anlamına gelmektedir.

$$\dot{m} = -c_a \exp\left(-\frac{E_a}{RT_s}\right)\ln\left(\frac{P_g}{P_d}\right)(\rho_{ss} - \rho_s) \tag{3.2}$$

Burada;

C_a ve C_d malzemeye bağlı sabit,

ρ_{ss} katı fazın doymuş durumdaki yoğunluğu,

P_d denge basıncı olup, aşağıdaki Van't Hoff denklemi yardımıyla

$$\ln P_d = A - \frac{B}{T} \tag{3.3}$$

bulunmuştur. A ve B ise malzeme sabitleridir.

(3.1), (3.2) ve (3.3) denklemlerinden anlaşılacağı gibi metal hidrür yataklarda hidrojen depolama ve deşarj işlemi doğrudan sıcaklığa ve denge basıncına bağlıdır. P_d sıcaklığa bağlı ve sıcaklığın artması ile artacağı için depolama değerinin düşmesine etki eder. Bu nedenden dolayı depolama esnasında sıcaklığın düşmesi istenir ve bunun için ise reaktör üzerinden iyi bir ısı transferi sağlanması gereklidir.

Bu tez kapsamında reaktörün hem cidarındaki hem de merkezdeki ısı transferini arttırmak ve depolama süresini minimuma düşürebilmek için kullanımı verimli olan yeni bir reaktör tasarlanmış ve farklı reaktörler arasında deneysel olarak kıyaslamalar yapılmıştır.

Reaktörde gerçekleşebilecek olayları bilerek yola çıkılmalı ve reaktör tasarımlarının ona göre yapılması gerekmektedir. Bu çalışmada ısı transferini iyileştirebilmek ve depolama esnasında sıcaklığın artmasını önleyebilmek için 3 adet farklı reaktörlerin tasarım ve imalatı yapılıp bu 3 reaktörün depolamaya etkileri test edilmiştir. Her üç reaktörün de depolama amaçlı kullanılan kısmı yaklaşık olarak %70 oranında TiFe malzeme ile doldurulmuş olup, 20 mm çapında ve 117 mm yüksekliğindedir. Ayrıca ısı iletim katsayısının iyi olması ve korozyonu önleyebilmek için metal cidarı olarak 2mm kalınlığında St42 paslanmaz çelik malzeme tercih edilmiştir.

Şekil 3.1' de ilk reaktör (Reaktör-1) gösterilmiştir. Reaktör üzerinde ekstra bir ısı transferi gerçekleştirmek amaçlı ek bir kısım bulunmamaktadır. Tüp yüzeyinden doğal taşınım yolu ile yaklaşık 80 cm^2 lik bir yüzey alanından ısı transferi gerçekleşmektedir. Reaktör-2 ise Şekil 3.2' de verilmiştir. Depolama esnasında ısı transferini arttırarak sıcaklığı düşürmek için 45cm çapında 1mm kalınlığında 30 adet kanat montaj edilmiştir. Bu şekilde yüzey alanı arttırılmış olup ısı ortama transferi daha hızlı olmuştur.

Şekil 3.3' de verilen Reaktör-3 de ise reaktördeki depolayıcı metalden ortaya çıkacak ısıyı hızlı bir şekilde reaktörden uzaklaştırabilmek için saf su kullanılmıştır. Su reaktör içerisinde 100 ml/dk lık bir debi ile gönderilmiştir.

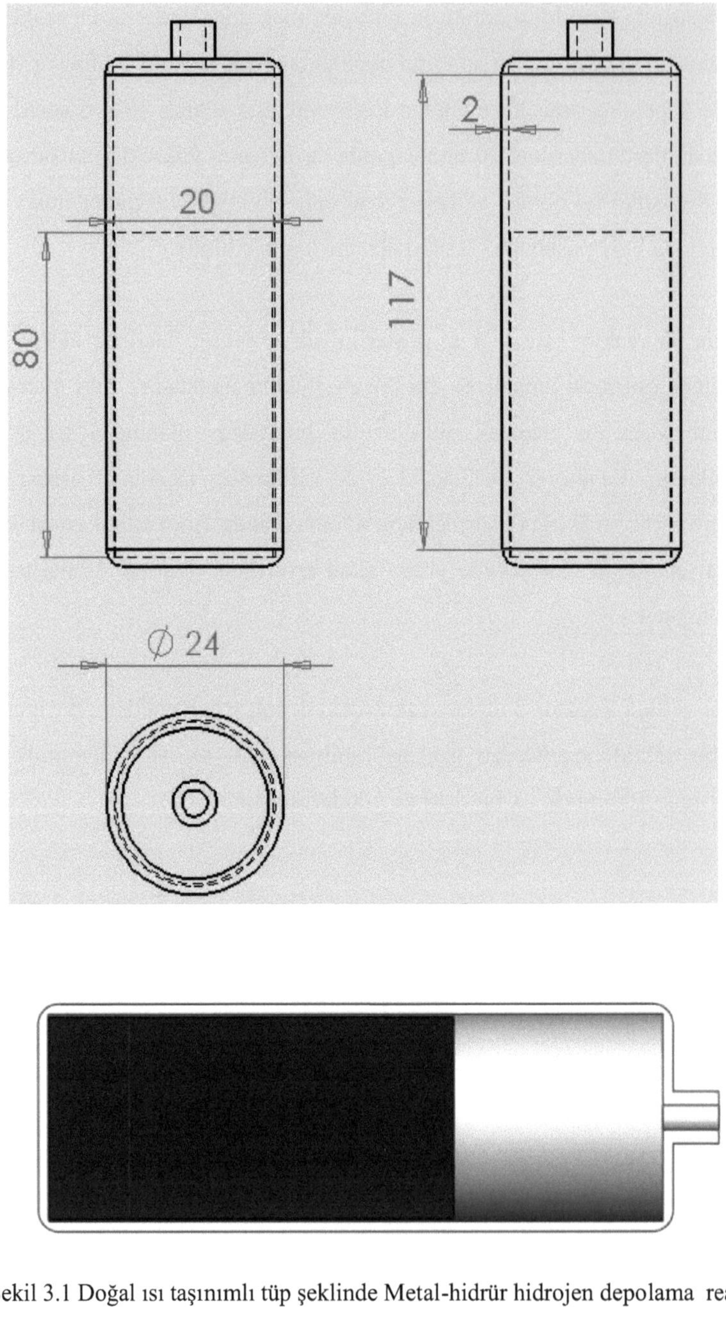

Şekil 3.1 Doğal ısı taşınımlı tüp şeklinde Metal-hidrür hidrojen depolama reaktörü. (Reaktör-1)

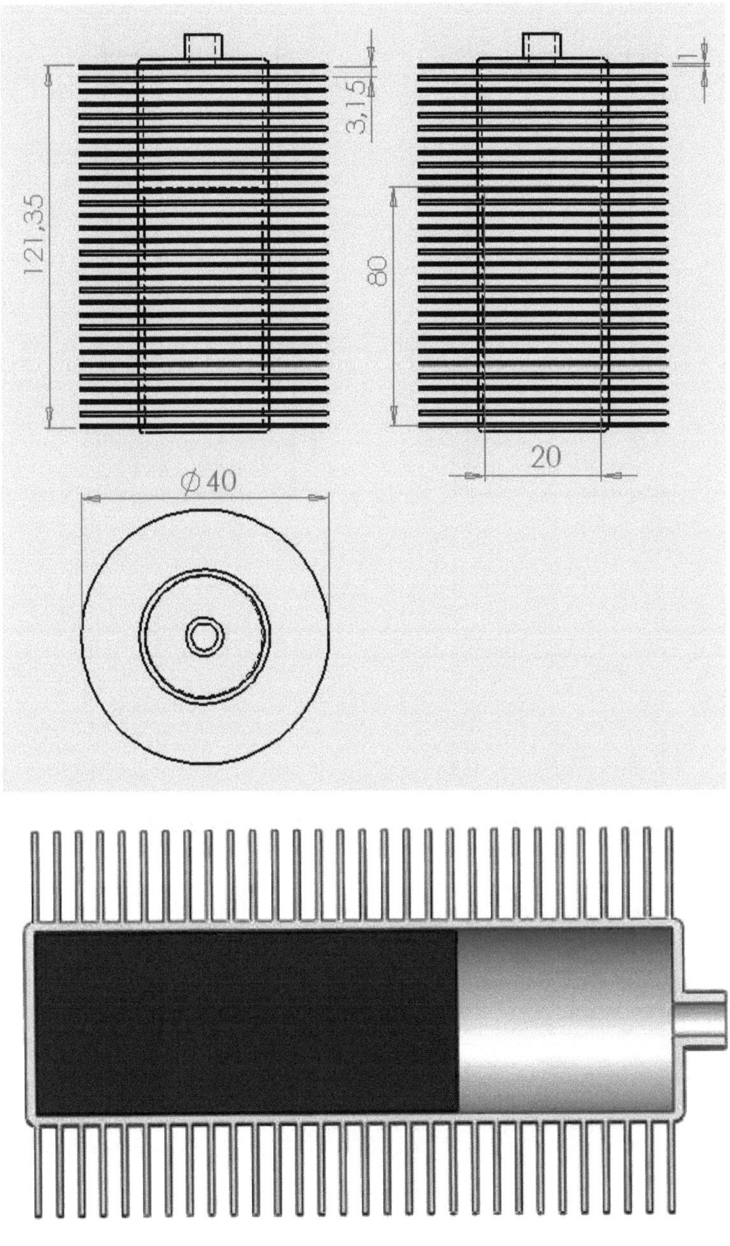

121,35

3,15

1

80

20

Ø40

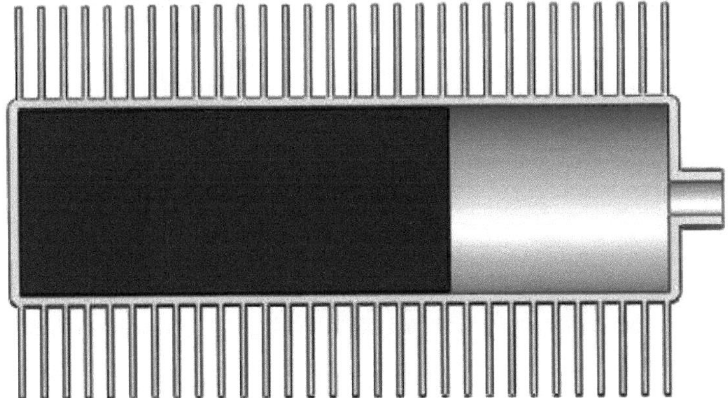

Şekil 3.2 Kanat kullanılarak yüzey alanı arttırılan Metal-hidrür hidrojen depolama reaktörü. (Reaktör-2)

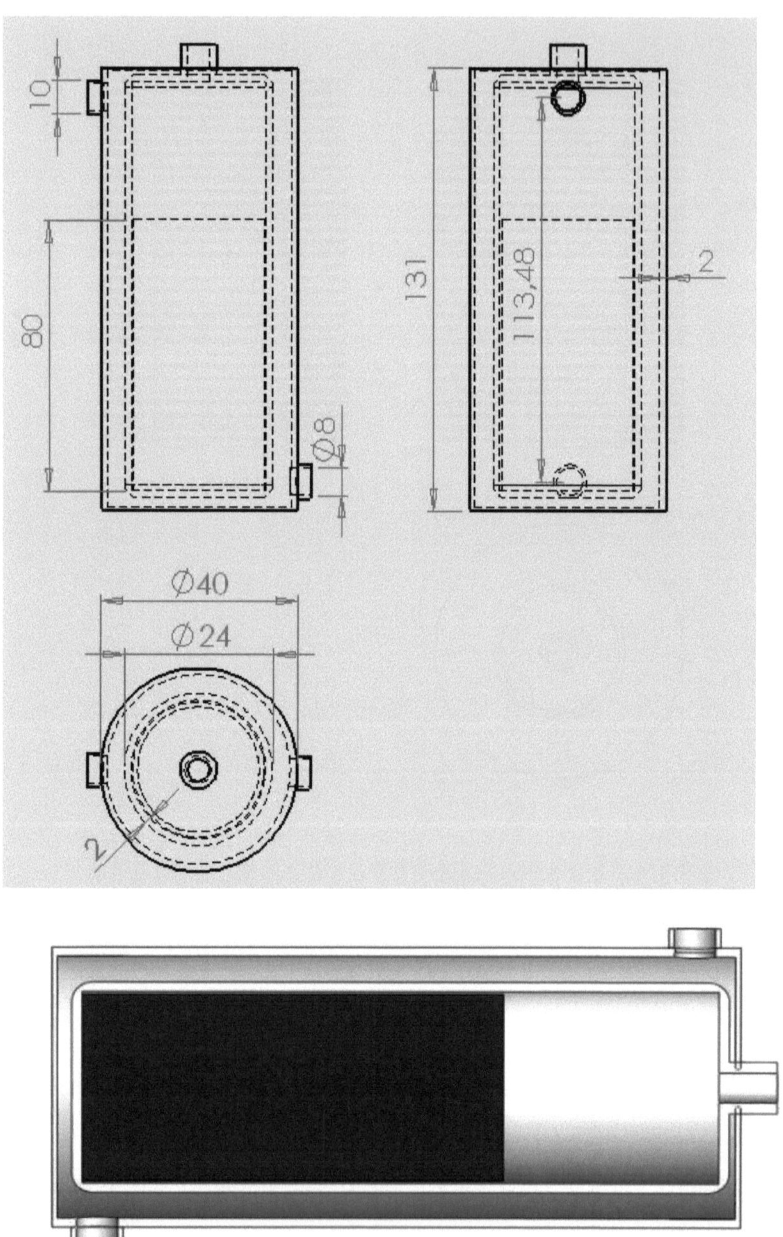

Şekil 3.3 Akış halinde su ile soğutulan Metal-hidrür hidrojen depolama reaktörü. (Reaktör-3)

3.2 Metal-Hidrür Reaktörler İçin Isıl Direnç Analizi

Metal hidrür reaktörlerde hidrojen depolamada kullanılan malzemeler yüksek ısı iletim katsayısına sahip ve imalatı yüksek mühendislik gerektiren malzemelerdir. Bu sebeple reaktörde gerçekleşen ısı transferini arttırabilmek için ısıl direncin de düşük olması gereklidir. Bu bölümde metal hidrür reaktör cidarında gerçekleşen ısıl dirençlerin hesaplanması verilmektedir. Farklı 3 reaktör İçin reaktör cidarında meydana gelen ısıl direnç aşağıda hesaplanmış ve ısı akısına etkisi görülmüştür [51,53]. Şekil 3.4 de Reaktör-1 ve Reaktör-2 için dirence bağlı ısı iletimi şematik olarak verilmiştir.

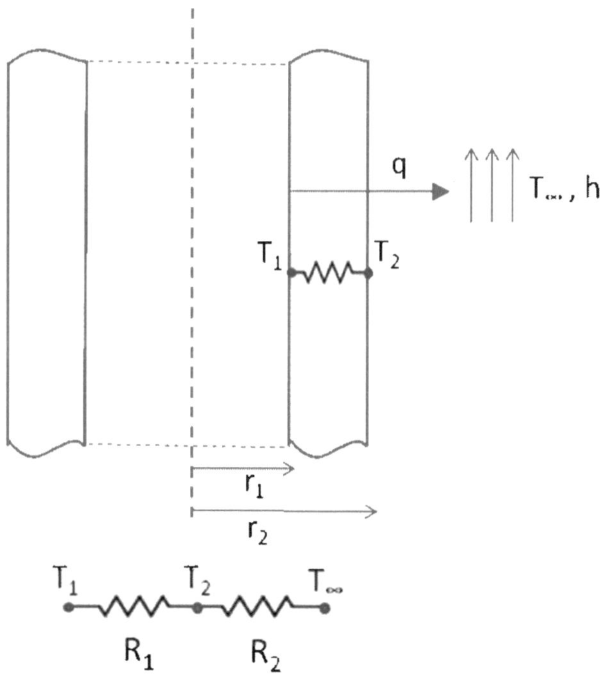

Şeki 3.4 Reaktör-1 ve Reaktör-3 için reaktör ısı transferi direnç analizi

Reaktördeki ısı akısı ;

$$q = \frac{\Delta T}{R_{toplam}} \qquad (3.4)$$

kullanılarak tanımlanabilir. Isıl dirençler ise aşağıdaki eşitliklerde verilmiştir.

$$R_1 = R_{iletim} = \frac{\ln\left({r_2}/{r_1} \right)}{2\pi kL} \qquad (3.5)$$

$$R_2 = R_{taşınım} = \frac{1}{h 2\pi r_2 L} \qquad (3.6)$$

Denklem (3.5) ve denklem (3.6) dirençleri seri bağlı oldukları için R_{toplam}; R_1 ve R_2 nin toplamına eşittir.

$$R_{toplam} = \frac{\ln(r_2/r_1)}{2\pi kL} + \frac{1}{h 2\pi r_2 L} \qquad (3.7)$$

Sıcaklık değerleri ve denklem (4) , denklem (1) de yerine yazılırsa

$$q_{toplam} = \frac{T_\infty - T_1}{\frac{\ln(r_2/r_1)}{2\pi kL} + \frac{1}{h 2\pi r_2 L}} \qquad (3.8)$$

Elde edilir.

Burada q_{toplam} Reaktör-1 ve Reaktör-3 için cidarda meydana gelen ısı akısını verirken, r_2 ve r_1 sırasıyla dış ve iç yarıçapı, k ısıl iletkenliği, L reaktörün yüksekliğini, h ısı transfer katsayısını vermektedir.

Reaktör-1 ile Reaktör-3 arasındaki en önemli fark ise ısı transfer kat sayılarının farklı olmasıdır. Reaktör-1 de meydana gelen ısı transferi doğal taşınımın bir eseri iken, Reaktör-3 te ısı transferinin gerçekleşmesinde zorlanmış taşınım söz konusudur.

Şekil 3.5 de ise Reaktör-2 için dirence bağlı ısı iletimi şematik olarak verilmiştir.

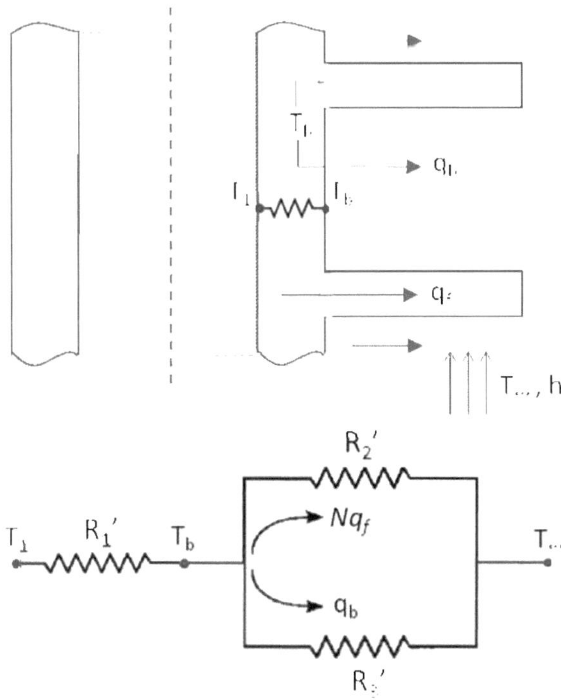

Şeki 3.5 Reaktör-2 için reaktör ısı transferi direnç analizi

$$R_1' = R_{iletim} = \frac{\ln\left(r_2/r_1\right)}{2\pi kL} \tag{3.9}$$

$$R_2' = \frac{1}{N\eta_f h A_f} \qquad (3.10)$$

$$R_3' = \frac{1}{h(A_t - NA_f)} \qquad (3.11)$$

R_2' ve R_3' dirençleri birbirleri ile paralel bağlı olduğu için denklem (3.10) ve denklem (3.11) den faydalanarak R_{kanat} elde edilmiştir [51].

$$R_{kanat} = \frac{1}{hA_1\left[1 - \frac{NA_{kanat}}{A_t}\left(1 - \eta_{kanat}\right)\right]} \qquad (3.12)$$

Denklem (3.9) ile (3.12) ise birbirlerine seri bağlı olduklarından denklem (3.13) elde edilir [51].

$$R_{toplam}' = \frac{\ln(r_2/r_1)}{2\pi kL} + 1\Big/ hA_1\left[1 - \frac{NA_{kanat}}{A_t}\left(1 - \eta_{kanat}\right)\right] \qquad (3.13)$$

Sıcaklık değerleri ve denklem (3.13), denklem (3.4) de yerine konulduğu zaman

$$q_{toplam}' = \frac{T_\infty - T_1}{\frac{\ln(r_2/r_1)}{2\pi kL} + 1\Big/ hA_1\left[1 - \frac{NA_{kanat}}{A_t}\left(1 - \eta_{kanat}\right)\right]} \qquad (3.14)$$

Elde edilir.

Burada; A_t kanat yüzeyleri dahil tankın toplam yüzey alanı, A_f bir kanadın yüzeyi, N kanat sayısı, η_f kanat verimi ve ΔT sıcaklık değişimini göstermektedir.

Reaktör-2 de reaktör-3 e nazaran daha fazla yüzey alanına sahip olmasına rağmen Reaktör-3 de zorlanmış taşınımın etkisi bir hayli verimi artırmaktadır. Yani denklemlerde görülen h değeri Reaktör-3 te en yüksektir.

3.3 Reaktör Isı Taşınım Katsayısı Hesabı

Reaktörler için ısı taşınım katsayısı reaktör şekline, akışkan hızına ve sıcaklığa bağlı olarak değişmektedir. Bu bölümde 3 reaktör içinde ısı taşınım katsayısı hesaplanmaktadır. Reaktör-1 ve Reaktör-2 de doğal taşınım söz konusu iken Reaktör-3 te zorlanmış taşınım mevcuttur. [51,53]

Kabuller:

1- Reaktörde gerçekleşen ısı akısı tek boyutlu olarak alınmıştır.

2- Isı yayma ve iletim direnci ihmal edilmiştir.

3- Kinetik, potansiyel ve akış işi ihmal edilmiştir.

4- Sürekli rejim

5- Yüzey sıcaklıkları uniform kabul edilmiştir.

6- Ortam sıcaklığı 25 °C olarak alınmıştır.

7- Reaktörde meydana gelen maksimum sıcaklık, başlangıç sıcaklığı gibi düşünülüp 100°C olarak belirlenmiştir.

Reaktör-1 İçin Isı Transfer Katsayısı hesabı:

Isı transfer katsayısı denklem (3.15) de görüldüğü üzere Nu sayısına bağlı bir bağıntıdır. Nu sayısı ise reaktör şekli ve akış biçimine göre farklı bağıntılarla hesaplanmaktadır.

$$\bar{h} = \frac{\bar{Nu}}{D} k \qquad (3.15)$$

Reaktör-1 için doğal taşınım söz konusudur. Silindirik yüzeylerde akışının laminer olduğu durum için Nusselt sayısı denklem (3.16) de verilmiştir.

$$\bar{Nu} = \left\{ 0,6 + \frac{0,387 Ra_D^{1/6}}{\left[1 + (0,559/\Pr)^{9/16}\right]^{8/27}} \right\}^2 \qquad (3.16)$$

Grashof ve Prandtl sayılarına bağlı olan Rayleight sayısı ise denklem (3.17) de verilmektedir [51].

$$Ra_D = Gr_{Dc} \Pr = \frac{g\beta(T_s - T_\infty)D^3}{\nu\alpha} \qquad (3.17)$$

İlk olarak mevcut film sıcaklık değeri için havanın özellikleri Tablo A4' ten tespit edilmiştir [51].

$$T_f = \frac{T_s + T_\infty}{2} \qquad (3.18)$$

$$T_f = \frac{100°C + 25°C}{2} + 273 = 335,5°K$$

$T_f = 335,5°K$ için Havanın Özellikleri ;

$k = 28,89 \cdot 10^{-3} W/m^2K$, $\nu = 19,411 \cdot 10^{-6} m^2/s$, $\alpha = 27,68 \cdot 10^{-6} m^2/s$, $\Pr = 0,7021$

$$\beta = \frac{1}{335,5} = 2,985 \cdot 10^{-3} K^{-1} \quad , \quad g = 9,81 m/s^2$$

Ayrıca reaktör tüp çapı ise 20 mm=0,02 m dir.

$$Ra_D = \frac{g\beta(T_s - T_\infty)D^3}{\nu\alpha} = \frac{9,81 m/s^2 \times 2,985 \cdot 10^{-3} K^{-1} \times (100-25)°C \times (0,02m)^3}{19,411 \cdot 10^{-6} m^2/s \times 27,68 \cdot 10^{-6} m^2/s}$$

$Ra_D = 3,27 \cdot 10^4$, $Ra_D \leq 10^{12}$ olduğundan Nu aşağıdaki gibi hesaplanabilir [51] .

$$\bar{Nu} = \left\{ 0,6 + \frac{0,387 Ra_D^{1/6}}{\left[1 + (0,559/\Pr)^{9/16}\right]^{8/27}} \right\}^2 = \left\{ 0,6 + \frac{0,387(3,27 \cdot 10^4)^{1/6}}{\left[1 + (0,559/0,7021)^{9/16}\right]^{8/27}} \right\}^2$$

$$\bar{Nu} = 5,83$$

$$\bar{h} = \frac{\bar{Nu}}{D} k = \frac{5,83}{0,02} 28,89 \cdot 10^{-3}$$

$\bar{h} = \frac{\bar{Nu}}{D} k = 8,42 W/m^2 K$ olarak hesaplanmıştır.

Reaktör-2 İçin Isı Transfer Katsayısı Hesabı:

Reaktör-2 de silindirik kanatlar mevcut olup, ısı transferi doğal taşınılma sağlanmaktadır. Kanatlı reaktör için öncelikle kanat veriminin bulunması gerekir. Şekil 3.6'da Silindirik kanatlı reaktörler için kanat verim grafiği verilmiştir [51] .

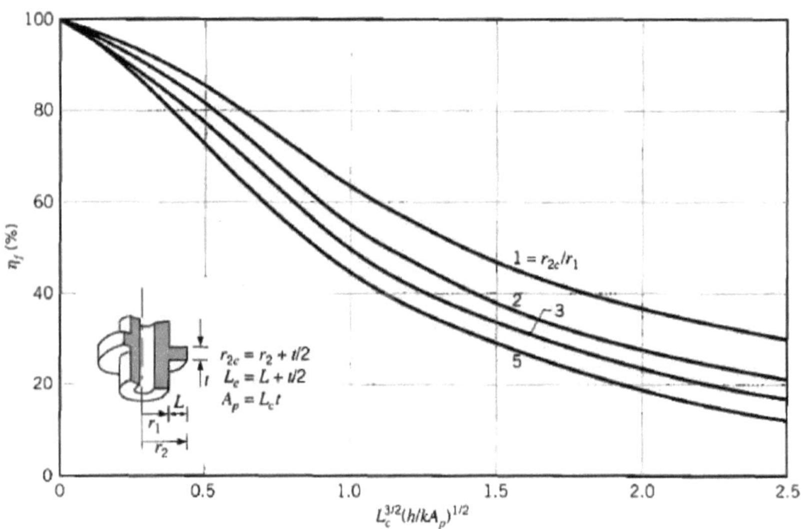

Şekil 3.6 Silindirik kanatlı tüpler için kanat uzunluğuna bağlı kanat verim grafiği [51] .

Kanat verimini bulabilmek için r_{2c}/r_1 ve $L_c^{3/2}(h/kA_p)^{1/2}$ değerlerinin bulunması gerekmektedir. Reaktör-2 için bilinmesi gereken değerler ;

r_1=0,02 m , r_2=0,04 m , L= 0,04 - 0,02 = 0,02 m , k = 63,9 W/mK, t=0,001m

h=50 W/m^{2}K olarak denenmiş ve bu değerden yola çıkarak kanat verimi yaklaşık olarak tespit edilmiştir.

$r_{2c} = r_2 + t/2 = 0{,}04 + 0{,}0005$

$r_{2c} = 0{,}0405$

$r_{2c}/r_1 = 0{,}041/0{,}02$

$r_{2c} / r_1 = 2{,}05$

$L_c = L + t / 2 = 0{,}02 + 0{,}0005$

$L_c = 0{,}0205$

$A_p = L_c \times t = 0{,}0205 \times 0{,}001$

$A_p = 2{,}05 \cdot 10^{-5}$

$L_c^{3/2} (h / kA_p)^{1/2} = 0{,}0205^{3/2} \left[50 / (40 \times 2{,}05 \cdot 10^{-5})\right]^{1/2} = 0{,}7$

$\eta_f = 0{,}65$

Direnç analizinden de yola çıkılarak kanatlı tüpler için aşağıdaki bağıntı bilinmektedir [51,53] .

$$q_t = \eta_0 h A t (T_s - T_\infty) = -kA_f \int_{x=0}^{x=L} \frac{\partial T}{\partial x} \qquad (3.20)$$

Buradan

$$h = \frac{-kA_f \int_{x=0}^{x=L} \frac{\partial T}{\partial x}}{\eta_0 A t (T_s - T_\infty)} \qquad (3.21)$$

Olarak elde edilir.

(3.21) denkleminde bulunması gerekenler ise A_f, A_t, η_0 değerleridir. Bu değerler ise aşağıda hesaplanmaktadır [42,43].

$$\eta_0 = 1 - \frac{NA_f}{A_t}(1 - \eta_f) \qquad (3.22)$$

$$A_f = 2\pi (r_{2c}^2 - r_1^2) \qquad (3.23)$$

$$A_f = 2\pi\left[(0{,}0405m)^2 - (0{,}02m)^2\right]$$

$$A_f = 7{,}8 \times 10^{-3} m^2$$

$$A_t = NA_f + 2\pi r_1 (H - Nt) \tag{3.24}$$

$$A_t = 30 \cdot 7{,}8 \times 10^{-3} m^2 + 2\pi \cdot 0{,}02m(0{,}12135m - 30 \cdot 0{,}001m)$$

$$A_t = 0{,}245m^2$$

Bulunan A_f ve A_t değerleri denklem (3.22) de yerine yazıldığında

$$\eta_0 = 1 - \frac{30 \cdot 7{,}8 \times 10^{-3} m^2}{0{,}245m^2}(1 - 0{,}65)$$

$$\eta_0 = 0{,}66$$

Elde edilir. (3.22), (3.23), (3,24) denklemlerinde bulunan değerler denklem (3.25) de yerine yazıldığında h değeri elde edilir.

$$h = \frac{-kN2\pi r_1 \int_{x=0}^{x=L} \frac{\partial T}{\partial x}}{\eta_0 At(T_s - T_\infty)} \tag{3.25}$$

Denklem (3.25) de $\int_{x=0}^{x=L} \frac{\partial T}{\partial x}$ değeri kanat ucu ile kanat kökü arasındaki sıcaklık farkını vermektedir. Bu değer ise ortalama olarak -2,5°K olarak alınmıştır.

$$h = \frac{-63{,}9W/mK \cdot 30 \cdot 2\pi \cdot 0{,}02m \cdot -2{,}5K}{0{,}66 \cdot 0{,}245m^2(100°C - 25°C)}$$

$$h = 49{,}65W/m^2K$$

Olarak bulunmuştur.

Reaktör-3 İçin Isı Transfer Katsayısı Hesabı:

Reaktör-3 akışkan su sayesinde soğutulmaktadır. Su belirli bir debide aktığından dolayı zorlanmış taşınım söz konusudur. Zorlanmış taşınımlarda ısı transfer katsayısı akışkan debisine ve sıcaklığa bağlıdır. Zorlanmış taşınımda silindirik tüplerde meydana gelen ısı transfer katsayısı denklem (3.26) da verilmiştir [51] .

$$\bar{h} = \frac{\dot{m}_s C_p}{\pi D L} \frac{(T_ç - T_g)}{\Delta T_{lm}} \tag{3.26}$$

$$\Delta T_{lm} = \frac{(T_y - T_ç) - (T_y - T_g)}{\ln[(T_y - T_ç) - (T_y - T_g)]} \tag{3.27}$$

T_y=100 °C , T_g=15 °C, $T_ç$=32 °C olarak bilimektedir.
Su debisi; m_s=100 ml/dk=0,00166 kg/s

Ayrıca $T_f = \frac{T_g + T_ç}{2} = \frac{32+15}{2}$

T_f= 23,5°C' de su için C_p=4181 J/kgK

$$\Delta T_{lm} = \frac{(100-32)-(100-15)}{\ln[(100-32)/(100-15)]}$$

$$\Delta T_{lm} = 77{,}3°C$$

$$\bar{h} = \frac{0{,}00166 kg/s \times 4181 J/kgK}{\pi \times 0{,}02 \times 0{,}117} \frac{(32-15)°K}{77{,}3}$$

$$\bar{h} = 207{,}63 W/m^2K$$

Sonuç olarak ısı transfer katsayısı 1, 2, 3 reaktörleri için sırası ile 8,42 W/m^{2}K, 49,65 W/m^{2}K, 207,63 W/m^{2}K olarak hesaplanmıştır.

3.4 Deney Düzeneği

Deney düzeneği genel olarak Glove box, öğütme cihazı, öğütmeye yardımcı metal bilyeler, depolayıcı reaktör, depolayıcı metal malzeme, ısıtıcı fırın, vakum pompası, termokapıllar, data logger (veri toplayıcı), basınç ölçer, bilgisayar, hassas tartı cihazı, hidrojen ve argon tüplerinden oluşmaktadır.

Deneysel çalışmada kullanılan düzenek Şekil 3.7' de verilmiş olup kullanılan ekipmanlar ve işlevleri aşağıda kısaca açıklanmıştır.

Öğütme cihazı, metal alaşımlı malzemenin mekanik olarak öğütülüp hazırlanabilmesi, depolama yüzeyinin arttırılması ile depolama yüzdesinin arttırılması için kullanılır. Öğütücü devri 515 dv/d ile 890 dv/d arasında belirlenmektedir.

Glove Box, Koruyucu gazı sistemde muhafaza etmek için kullanılır. Bu sayede sistem oksijenle herhangi bir temasta bulunmamaktadır.

Metal bilyeler, öğütme işleminin daha rahat ve daha hızlı sağlanabilmesi amacı ile kullanılır. Mevcut öğütücü bilyelerin çapı 5mm olarak alınmaktadır.

Depolayıcı reaktör, metal alaşımı içinde muhafaza ederek yüksek basınçlarda hidrojenin hidrür olarak depolanmasını sağlamaktadır. Reaktör malzemesi olarak 2mm kalınlığında St42 paslanmaz çelik malzeme kullanılmıştır. Ayrıca reaktörün kullanılabilir çapı da 20 olarak tespit edilmiştir.

TiFe , Hidrojenin hidrür halinde depolanması için kullanılan depolayıcı alaşımdır. Öğütme işlemi ve karbon ilavesi yapıldıktan sonra basınçlı olarak gönderilen hidrojeni içinde hapseder. Bu alaşımın literatürde maksimum depolama oranı reaktör ağırlığı ihmal edildiğinde %1,8 olarak verilmiştir.

Isıtıcı fırın, Reaktörden hidrojeni deşarj edebilmek amacıyla kullanılır. Silindirik fırınlar grubuna girmekle beraber ve kontrol panosuna sahiptir.

Vakum pompası, deşarj sırasından istenmeyen gazları sistemden tahliye etmek için kullanılmaktadır.

Termokapılllar, hidrojen şarj sırasında sıcaklık değişimlerinin algılanabilmesi için kullanılmaktadır.

Data Logger (veri toplayıcı), okunan sıcaklık değerlerini bilgisayara aktarıp okuyabilmek ve grafiklerin elde edilmesi için kullanılmaktadır.

Basınç ölçer, sistemdeki basınç değişimlerini okuyabilmek ve hidrojenin istenilen basınçta ayarlanarak reaktör içerisine gönderebilmek için manometre kullanılmaktadır.
Bilgisayar, Deney sonuçları kayıt altına alarak değerlendirme yapmak için kullanılmaktadır.

Hassas tartı cihazı, depolama sonrasında depolanan hidrojen miktarının ölçülmesi ve hidrojen depolama yüzde oranlarının belirlenebilmesi için kullanılmaktadır.
Hidrojen tüpü, deneylerde saflık oranı yüksek (%99.999), yüksek basınçlı hidrojen tüpü kullanılmaktadır.

Argon tüpü, TiFe atmosferik ortamdan uzak tutabilmek için argon gazı kullanılmaktadır.

Hidrojeni depolamak için hazırlanan deney düzeneğinin son hali Şekil 3.7' te verilmiştir.

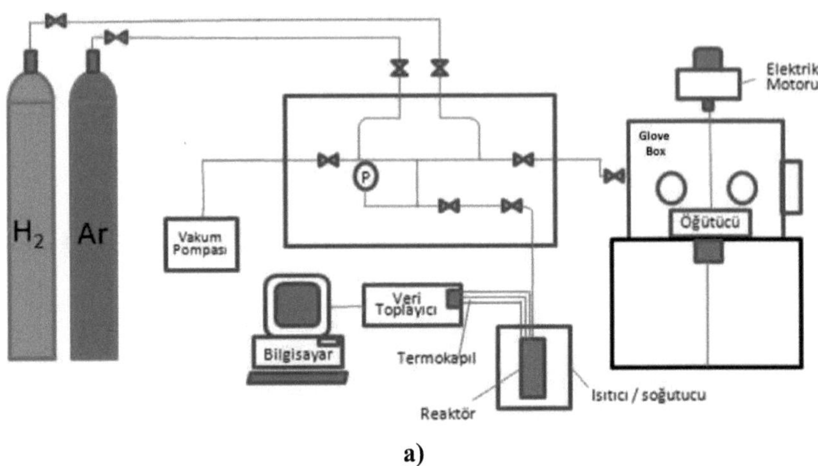

a)

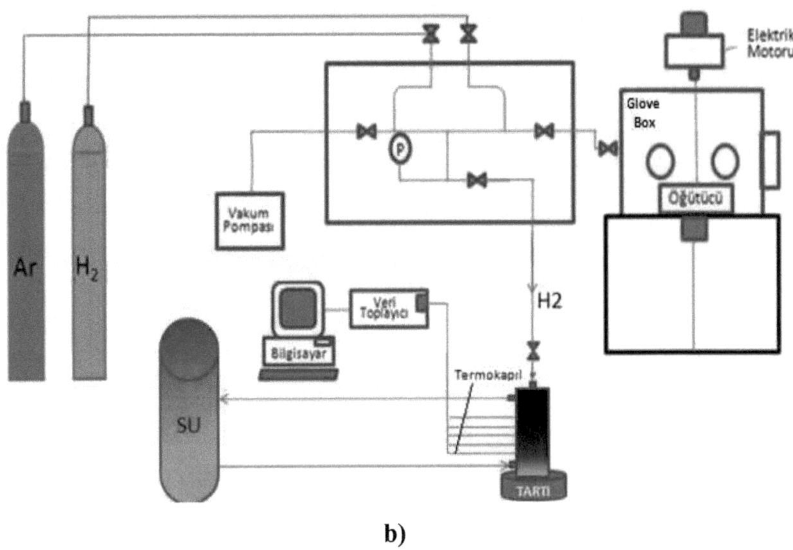

b)

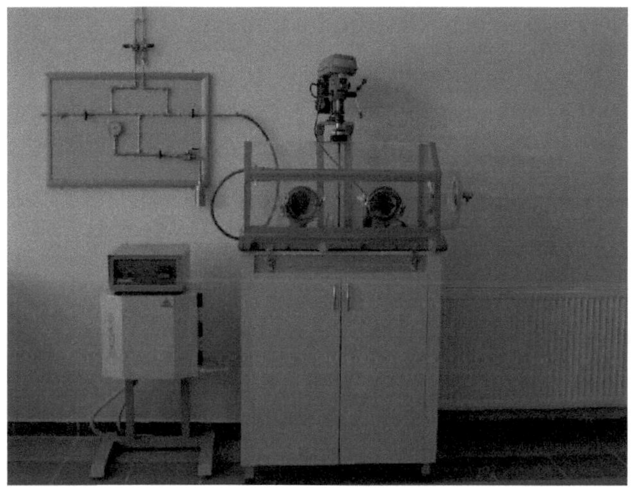

c)

Şekil 3.7 Metal-Hidrür yataklarda hidrojen depolamak için gerekli olan deney düzeneği a)normal ve kanatlı reaktör için. b)soğutucu akışkan kullanılan reaktör için. c)deney düzeneğinin fotoğrafı.

3.5 Deneylerin Uygulanması

3.5.1 Deney araç ve gereçlerinin hazırlanması

Metal-hidrür reaktörlerde hidrojen depolama işleminin yüksek verimli olabilmesi için yapılması gereken ön hazırlıklar aşağıda verilmiştir.

1- Metal alaşımının reaktör içerisine doldurulması,
2- Metal alaşımın kinetiğinin artırılması,
3- Reaktörün aktivitesinin arttırılması,

Bu işlemlerin sırası ile uygulanması ve verim seviyelerinin tespit edilmesi ile Metal-hidrür reaktörlerde depolama yapmak için metal alaşımı açısından gerekli koşullar sağlanmış olmaktadır. Böylelikle reaktör basınçlı hidrojenle birleşmeye hazır hale getirilmektedir.

3.5.2 Metalin reaktör içerisine doldurulması

Deneylerde her depolama yatağı için 105g TiFe malzeme kullanılmış olup, öğütülen malzeme reaktöre daha önceden bahsedilen metal zehirlenme olayının gerçekleşmemesi için koruyucu bir gaz altında (argon ve azot) doldurulmuştur. Deneylerde deşarj esnasında vakum pompası kullanıldığı için ve reaktör içinden çıkacak hidrojenin basınçlı olması sebebiyle reaktör içerisinden metal alaşımın parçacıkları sisteme veya pompaya gelmekte ve bu da istenilmeyen sonuçlara sebep olmaktadır. Bunu önleyebilmek için reaktör içerisinden filtre yerleştirilmesi gerekmektedir. Bu amaçla filtreli vana, reaktör hidrojen giriş ağzına bağlanmıştır. Şekil 3.8'de görüldüğü gibi vananın filtreli olması vakumlama esnasında metal partiküllerinin reaktör içerisinden ayrılmasını önlemektedir.

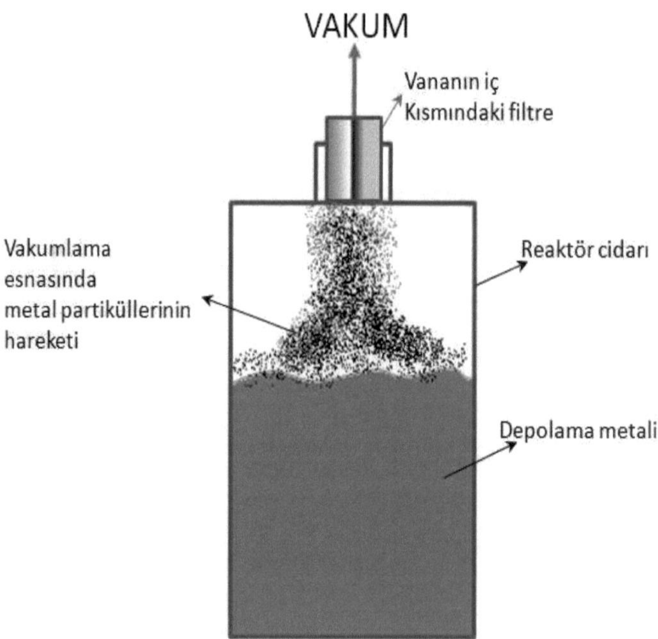

Şekil 3.8 Vakumlama esnasında gerekli olan filtreleme.

3.5.3 Metalin kinetiğinin arttırılması

Metal partikülleri ne kadar küçük çaplarda olursa yapılan depolama miktarı ve depolama süresi ona göre değişmektedir. Şekil 3.9 da farklı öğütme sürelerinde depolayıcı metale sahip reaktörlerin 10 bar basınçta ikişer defa şarj-deşarj işlemi sonrası gerçekleşen sıcaklık değişimi ve depolama oranları verilmiştir.

Sıcaklığın maksimum seviyeye ulaştığı öğütme süre dilimi, alaşımın öğütme süresinin yeterli olduğunu gösteren zaman dilimidir. Şekil 3.9 (a) da verilen sıcaklık değişimlerinde 3 saatlik bir öğütme sonucunda maksimum sıcaklık yaklaşık olarak 27°C'ı göstermekte, 4,5 saatlik bir öğütme süresinde de yine maksimum sıcaklığın 27°C olduğu görülmektedir. Bu da 10 bar basınç için 3 saat sonrasına yapılan öğütmenin sıcaklık bazında çok fazla bir etkisi olmadığını göstermektedir.

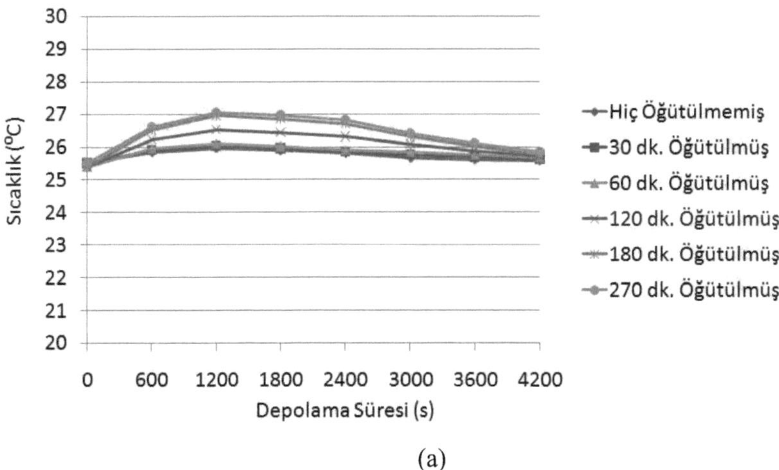

(a)

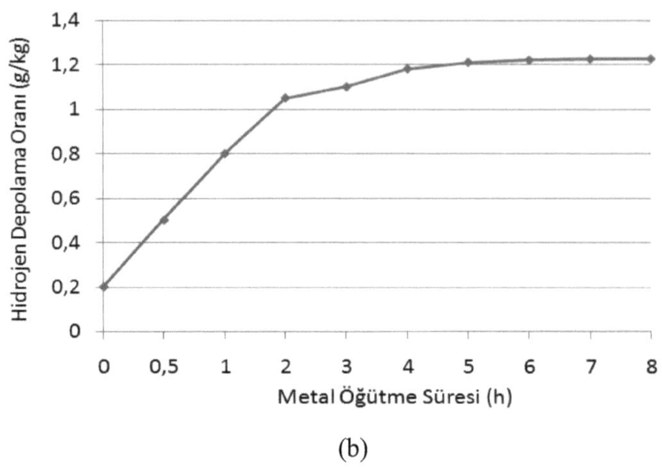

(b)

Şekil 3.9 (a) Metal öğütme süresinin depolama esnasında sıcaklığa etkisi (z=0).
(b) Metal Öğütme süresinin hidrojen depolama oranına etkisi (P=10 Bar).

Şekil 3.9 (b) de ise bu depolama sürelerinin depolama oranına etkisi verilmektedir. 0-8 saat öğütme süresi aralığında alınan hidrojen depolama miktarlarının oranlarında 0,2-1,2 g/kg lık bir değişim söz konusudur. Görüldüğü üzere alaşımın öğütme süresi 3-4 saat civarında tuttuğunda maksimum depolama oranı elde edilir. Bundan sonra yapılabilecek öğütme sayılarının da depolama oranlarına etkisinin olmadığı anlaşılmaktadır.

Bu sonuçlar göz önüne alınarak metalin aktivasyonunu sağlayabilmek ve reaktör kinetiğini arttırabilmek için TiFe yaklaşık olarak 3 saat boyunca glove-box içinde, argon gazı altında çapı 60 mm, yüksekliği 80 mm olan öğütücüde mekanik öğütme işlemine tabi tutulmuştur. Öğütme işlemi Öğütücü devri 515 d/d ile 890 d/d arasında belirlenmiştir. Öğütülen TiFe ile öğütücüde kullanılan çelik bilyelerin oranı 10/1 olarak alınmıştır.

3.5.4 Reaktörün aktivasyonu

Literatürde [14,44] karbon ilavesinin depolama oranını arttırıcı ve zehirlenmenin önleyici özelliği olduğu bilinmektedir. Bu nedenle farklı oranlarda ilave edilen karbonun deneysel olarak etkisi incelenmiştir. Üçer defa şarj-deşarj yapılan reaktörlerde 10 bar basınçta depolama oranı değişimi Şekil 3.10' da verilmiştir.

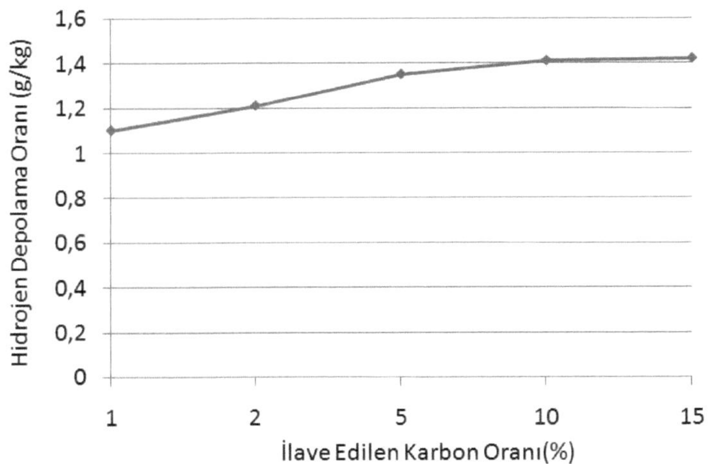

Şekil 3.10 İlave karbon oranının depolama oranına etkisi (P=10Bar)

Şekil 3.10 da karbon ilavesinin depolama oranına etkisi verilmiş olup %10' luk bir karbon ilavesi ile de maksimum seviyeye ulaştığı görülmektedir. Bu sebeple %10 luk bir karbon ilavesi ile depolama oranının iyileşeceği anlaşılmaktadır.

Depolanma işleminin tam olarak gerçekleşebilmesi için reaktörün bir miktar şarj deşarj edilmesi gerekmektedir. Bu sayede önceden öğütülmüş olan metaller aşınacak ve hidrojene alıştırılarak metalin depolama kabiliyeti arttırılacaktır. Kinetik olarak aktivasyon işleminin tam olabilmesi için reaktör vakum altında ($\approx 10^{-4}\, mmHg$), yaklaşık

450 °C sıcaklığa kadar 1 saat ısıtılmıştır. Isıtma işlemlerinden sonra oda sıcaklığına kadar soğutulan reaktöre 10 bar basınçta hidrojen 60 dakika süre ile şarj edilmiştir. Bu ısıtma ve soğutma işlemi en az 10 defa tekrar edilmiş ve her defasında depolama miktarı kontrol edilmiştir. Şekil 3.10'da görüldüğü üzere yaklaşık 11 tekrar sonrasında TiFe aktivasyonunun sağlandığı ve depolamanın optimum seviyeye ulaştığı görülmektedir.

Şekil 3.11 de kanatlı reaktör için yapılan tekrar sayısı çalışması verilmektedir. Şekil 3.11de onbirinci tekrar sonunda hidrojen depolama oranı maksimum seviyeye ulaşmış ve yaklaşık 3,1 g/kg değerini göstermektedir.

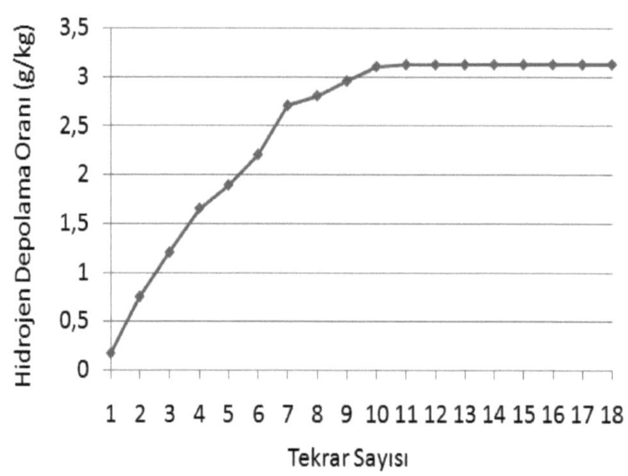

Şekil 3.11 Kanatlı reaktör için reaktör aktivasyon tekrarını gösteren deneysel çalışma (P=10)

3.6 Deneysel Yöntem

Ön hazırlıkların yapılmasından sonra depolama işlemine geçilmiştir. Bu kısımda üç farklı reaktör için farklı basınçlarda hidrojen depolama esnasında gerçekleşen sıcaklık değişimleri ve hidrojen depolama oranlarının bulunabilmesi için deneysel çalışmalar yapılmıştır. Bu çalışma için öncelikle standart bir data kayıt mesafeleri (z) belirlenmiş ve hidrojen depolama esnasında bu noktalardan alınan sıcaklık dataları bilgisayar aracılığı ile ölçülmüştür. Depolama olayı oda şartlarında gerçekleştirilmiştir. Ayrıca hidrojen depolama işleminin sona ermesi ile hassas terazi yardımı ile depolanan hidrojen miktarı ölçülmüş ve hidrojen/metal oranı tespit edilmiştir.

3.6.1 Data kayıt yöntemi

Yapılan bu şarj/deşarj işlemlerinden sonra aktif hale gelen sistem üzerinde deneyler başlatılmıştır. Hidrojen şarjı esnasında ekzotermik reaksiyonlar sonucu ortaya çıkan sıcaklık artışları, reaktör üzerine Şekil 3.12' deki gibi bağlanan termokapıllar aracılığıyla ölçülmüştür.

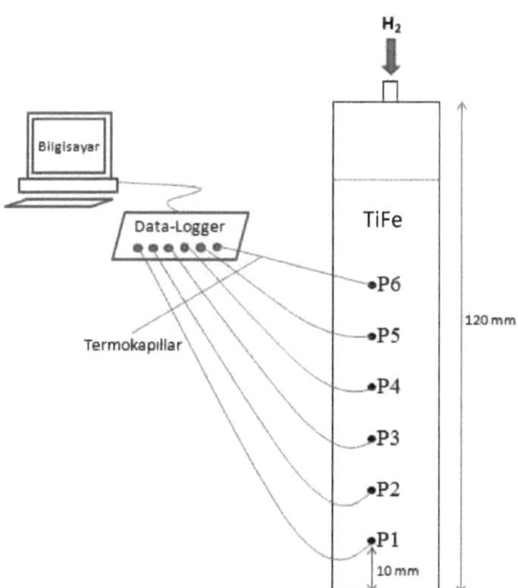

Şekil 3.12 Reaktörde meydana gelen sıcaklık olaylarının görülebilmesi için termokapıl montajı

3.6.2 Deneysel Veriler

Deneylerde 4200 s süreyle, 2, 4, 8, 12 bar basınçlarda hidrojen şarj edilmiştir. Yüzer saniye ara ile reaktörlerin üzerine dikeyde 10cm aralıklarla bağlanan termokapıllar aracılığı ile alınan sıcaklık değişimleri bilgisayara veri yükleyici (Data-Logger) yardımıyla kaydedilmiştir. Şekil 3.13-24' de reaktörlerdeki sıcaklık dağılımları gösterilmiştir. Şekil 3.13-16' da sadece doğal taşınımlı ısı transferi özelliğine sahip olan Reaktör-1 in 2-4-8-12 bar basınçlarda depolama esnasında sıcaklık değişimleri verilmiştir.

2 bar basınçta hidrojen depolama esnasında sıcaklık değişimi Şekil 3.13' de verilmektedir. Yaklaşık olarak 25°C da başlanan depolama işleminde metal alaşımının hidrojenle basit bileşik oluşturmaya başladığı ilk nokta P6 noktasıdır. 300 saniye sonunda P5-P6 noktaları maksimum sıcaklık seviyesi olan 48°C' ye ulaşmaktadır. Diğer noktalar ise yaklaşık 650 saniyede maksimum sıcaklık değerlerini almaktadırlar. Tüm noktalar için ise hidrojen depolama aşaması 4000 saniyede sona ermektedir. Hidrojen depolama düzeyinin maksimum seviyeye (doyma seviyesi) ulaştığı zaman dilimi ise P1, P2, P3, P4, P6 noktaları için sırası ile 300, 300, 450, 500, 620, 620 saniyeleridir. Bu depolama işlemi sonunda hidrojen depolama oranı 1,25 g/kg değerini almaktadır.

Şekil 3.14' de 4 bar basınçta hidrojen depolama esnasında sıcaklık değişimleri gösterilmiştir. Depolamaya oda şartlarında başlanmış olup depolanmaya ilk başlanan nokta P6 noktasıdır. P6 noktasının maksimum sıcaklık değeri t=300 saniyede yaklaşık 53°C'dır. P6 ile P5 noktasının doyma anı t=300 saniyedir. Bu değer P1,P2,P3 ve P4 noktaları için ise t=700 saniyeyi göstermektedir. Yaklaşık olarak 4800 saniye sonunda sıcaklık değişimleri durmakta ve depolama aşaması sona ermektedir. 4 barlık basınçta Reaktör-1 için hidrojen depolama oranı 1,91 g/kg değerini göstermektedir.

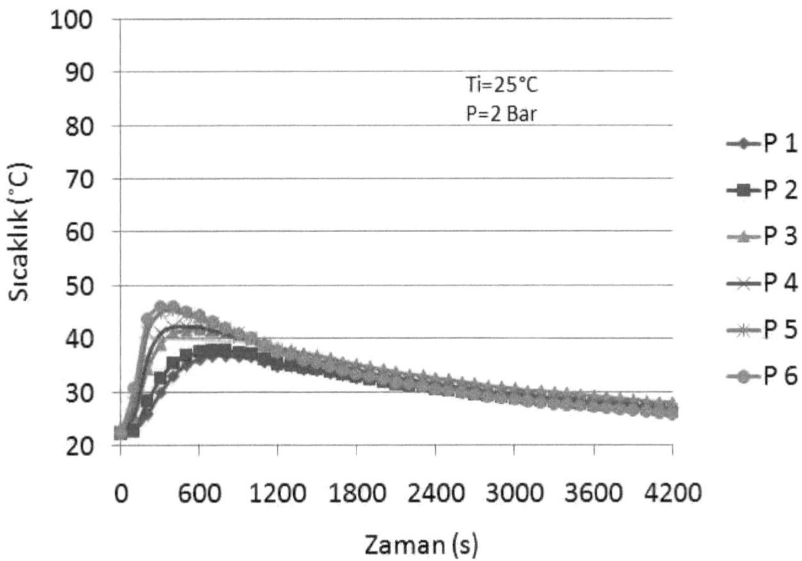

Şekil 3.13 2 Bar' da Reaktör-1 için depolama esnasında yapılan çalışmada kaydedilen sıcaklık grafikleri

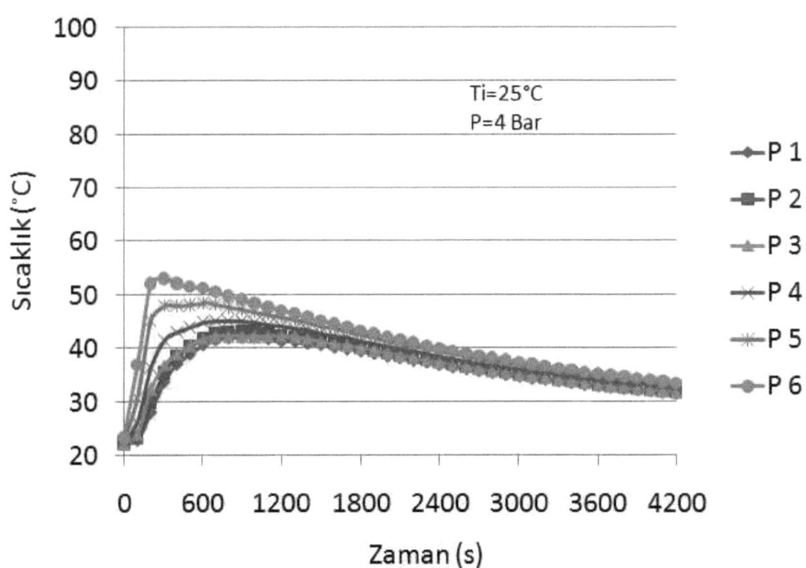

Şekil 3.14 4 Bar' da Reaktör-1 için depolama esnasında yapılan çalışmada kaydedilen sıcaklık grafikleri

Şekil 3.15' te ise oda sıcaklığında 8 barlık bir hidrojen depolaması yapılmıştır. Depolama esnasında hidrojen reaktörün üst kısmından verildiğinden dolayı, depolama ilk olarak P6 noktasından başlamaktadır. Bu noktada maksimum sıcaklık t=500 saniyede 88°C dereceyi göstermektedir. P5 ve P6 noktaları t=500 saniyede doyma değerine ulaşırken P3,P4,P5,P6 noktaları da t=650 saniyede maksimum sıcaklık değerine ulaşmaktadırlar. Reaktör-1 kullanılarak yapılan bu deneyde 6180 saniye sonunda sıcaklık oda sıcaklığına düşmüştür. 8 barlık basınçta depolanan hidrojenin metal alaşımına oranı ise 2,77 g/kg olarak ölçülmüştür.

Reaktör-1 için oda sıcaklığında 12 bar basınçta yapılan hidrojen depolama sonuçları Şekil 3.16' da verilmiştir. Reaksiyon ilk olarak P6 noktasında başlarken, t=500 saniye noktasında sıcaklık değeri 99°C de maksimuma ulaşmaktadır. P3,P4,P5 noktası t=600 saniyede doyma noktasına ulaşırken, P1 ve P2 noktası ise t=700 saniyede doyma noktasına ulaşmaktadır. Bu deneyde Reaktör-1 cidar sıcaklıkları yaklaşık olarak 6420 saniye sonunda tüm noktalarda oda sıcaklığına ulaşmıştır. 12 barda bu reaktör için hidrojen depolama oranı 3,13 g/kg olarak tespit edilmiştir.

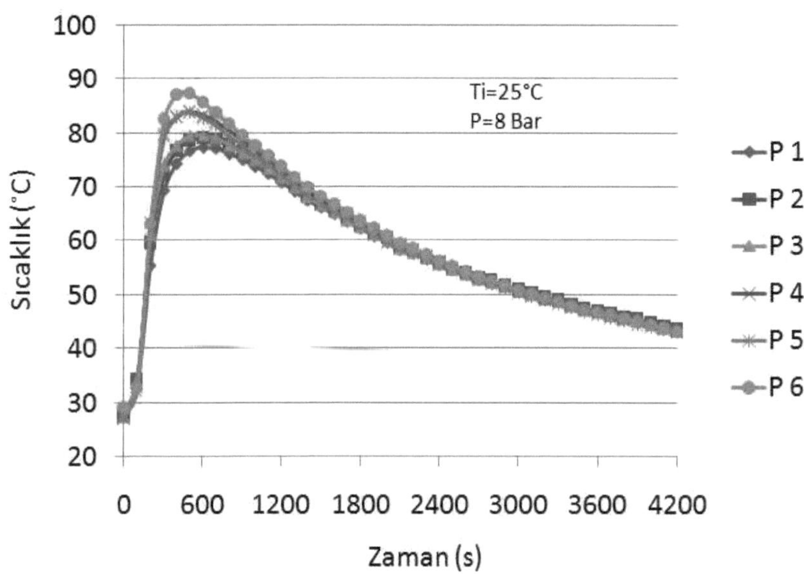

Şekil 3.15 8 Bar' da Reaktör-1 için depolama esnasında yapılan çalışmada kaydedilen sıcaklık grafikleri

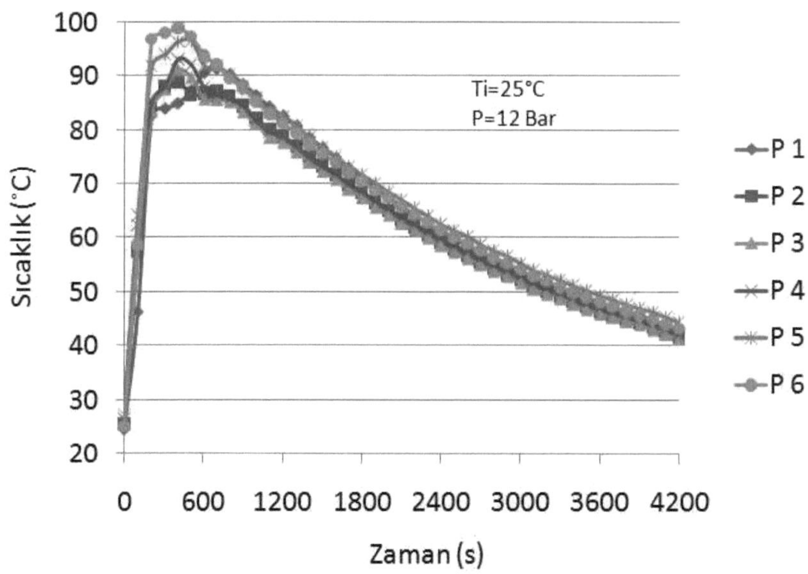

Şekil 3.16 12 Bar' da Reaktör-1 için depolama esnasında yapılan çalışmada kaydedilen sıcaklık grafikleri

Şekil 3.17-20 de kanatlı olan Reaktör-2 için oda sıcaklığında 2,4,8,12 bar basınçlarda depolama esnasında sıcaklık değişimleri verilmiştir.

Reaktör-2 için 2 bar basınçta gerçekleşen sıcaklık değişimleri Şekil 3.17' de verilmektedir. İlk anda reaksiyon P6 noktasından başlarken t=400 saniyede, sıcaklık 43°C olarak doyma noktasına ulaşmaktadır. P5,P6 noktaları yaklaşık olarak t=400 saniyede maksimum sıcaklık değerini alırken P3 ve P4 noktaları da t=500 saniyede maksimum seviyeye ulaşmıştır. Ayrıca P1 ve P2 noktaları da yaklaşık olarak t= 700 saniyede doyma noktasını görmüşlerdir. Bu deneysel çalışmada Reaktör-2 için 2 bar basınçta tüm noktalardaki cidar sıcaklığı yaklaşık olarak 2400 saniye sonunda oda sıcaklığında sabitlenmektedir. Ayrıca bu depolama sonunda 1,61 g/kg oranında hidrojen metal-hidrür olarak depolanmıştır. Bu değerin Reaktör-1' e göre daha yüksek olduğu görülmüştür.

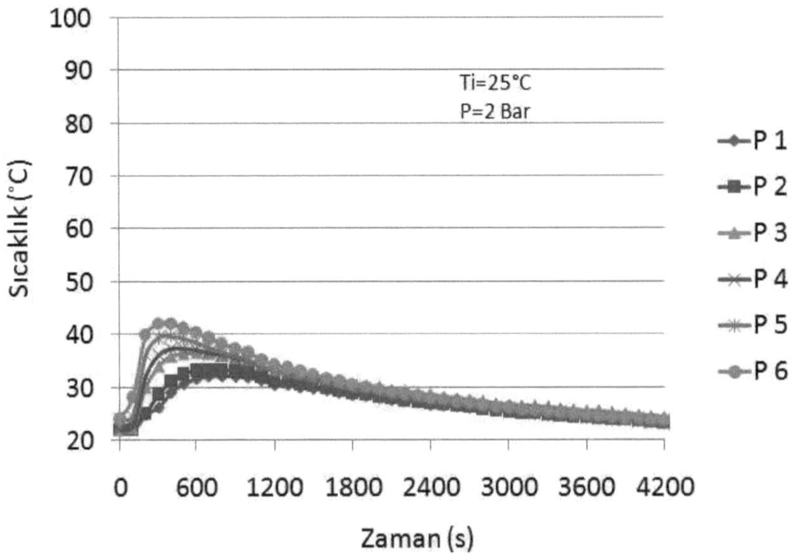

Şekil 3.17 2 Bar' da Reaktör-2 için depolama esnasında yapılan çalışmada kaydedilen sıcaklık grafikleri

Şekil 3.18' de ise Reaktör–2 için 4 bar basınçta sıcaklık değişimleri verilmektedir. Burada reaksiyonun ilk olarak başladığı P6 noktasında maksimum sıcaklık t=400 de 51°C derecedir. P4,P5,P6 noktaları yaklaşık olarak t=400 saniyede doyma sıcaklığına ulaşırken, P1,P2,P3 ise yaklaşık olarak t=700 saniyede doyma sıcaklığına ulaşmaktadır. 4 bar basınçta reaktörün tüm z noktalarında oda sıcaklığına ulaştığı an 3000 saniyedir. Bu metal-hidrür depolama işlemi sonunda ise hidrojen depolama oranı 2,1 g/kg değerini almaktadır.

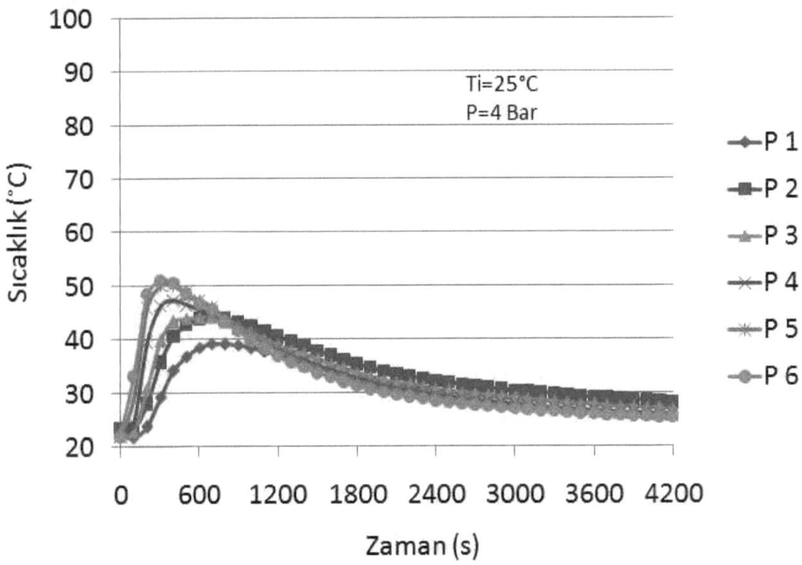

Şekil 3.18 4 Bar' da Reaktör-2 için depolama esnasında yapılan çalışmada kaydedilen sıcaklık grafikleri

Kanatlı reaktör içerisinde metal alaşımına 8 bar basınçta hidrojen depolama esnasında meydana gelen sıcaklık değişimi Şekil 3.19' da verilmektedir. Reaksiyonun ilk başladığı nokta yine P6 noktasıdır. Depolama esnasında reaktörde oluşan maksimum sıcaklık ise P6 noktasında 64 °C' a ulaşmaktadır. P3, P5, P6 noktaları t=400 saniyede doyma noktalarına ulaşırken, P1 ve P2 ise yaklaşık olarak t=600 saniyede doyma noktalarına varmışlardır. 8 bar basınçta reaktörün tüm z noktalarında oda sıcaklığına ulaştığı süre ise 4200 saniyedir. Ayrıca 8 barda kanatlı reaktör içerisinde TiFe üzerine depolanan hidrojen oranı ise 2,93 g/kg değerindedir.

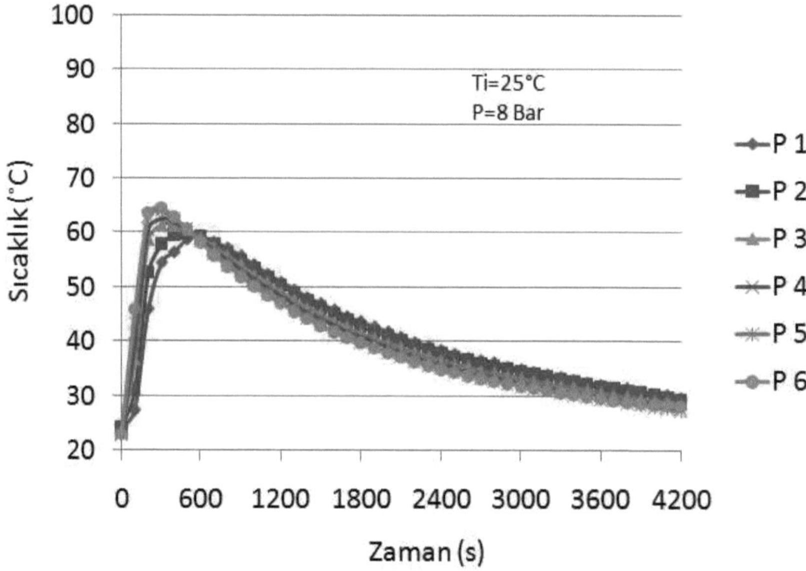

Şekil 3.19 8 Bar' da Reaktör-2 için depolama esnasında yapılan çalışmada kaydedilen sıcaklık grafikleri

Şekil 3.20' de ise 12 bar hidrojen basıncında kanatlı reaktör üzerinden okunan sıcaklık dataları verilmektedir. Reaktör depolamaya P6 noktasında başlarken maksimum sıcaklık bu noktada 89 ^{0}C dereceye varmaktadır. P4, P5, P6 noktaları t=300 saniyede doyma seviyesine gelmektedir. Ayrıca P1, P2, P3 noktaları ise yaklaşık olarak t=400 saniyede doyma noktasına ulaşmıştır. TiFe doldurulmuş olan bu kanatlı reaktörün tüm z noktaları 4320 saniye sonunda oda sıcaklığına ulaşmaktadır. Depolama sonunda ise 12 barda bu reaktörün hidrojen depolama oranı 3,31 g/kg olarak tespit edilmiştir.

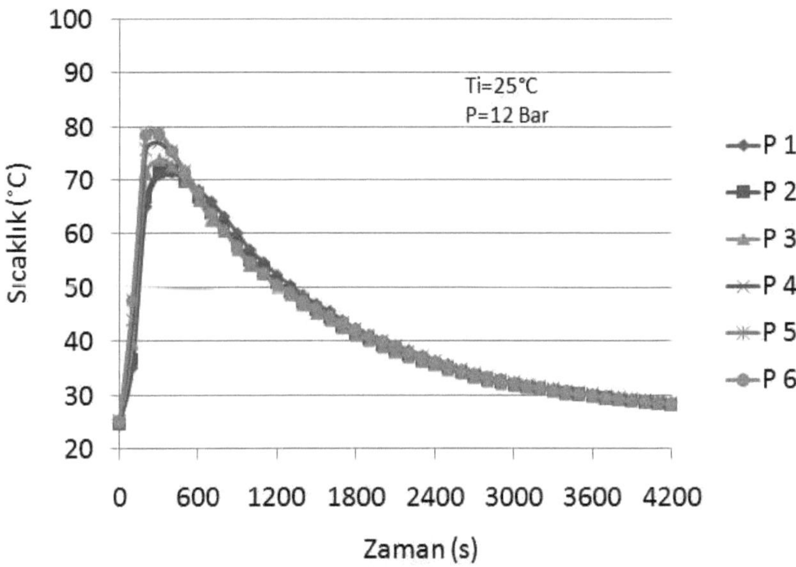

Şekil 3.20 12 Bar' da Reaktör-2 için depolama esnasında yapılan çalışmada kaydedilen sıcaklık grafikleri

Dış cidarından soğutucu akışkan olarak su devir dayım yapılan, ısı değiştiricili Reaktör-3 için farklı basınçlarda hidrojen depolama esnasında elde edilen sıcaklık değişim grafikleri Şekil 3.21-24 de verilmektedir.

Şekil 3.21 de 2 bar hidrojen basıncında ısı değiştiricili reaktör üzerinden alınan sıcaklık dataları verilmektedir. Reaktör depolamaya P6 noktasında başlarken maksimum sıcaklık bu noktada 28 °C dereceye varmaktadır. P1, P2, P3, P4, P5 ve P6 noktaları t=300 saniyede doyma seviyesine gelmektedir. Reaktör-3' ün tüm z noktaları 720 saniye sonunda oda sıcaklığına ulaşmaktadır. Depolama sonunda ise 2 barda bu reaktörün hidrojen depolama oranı 2,23 g/kg olarak tespit edilmiştir.

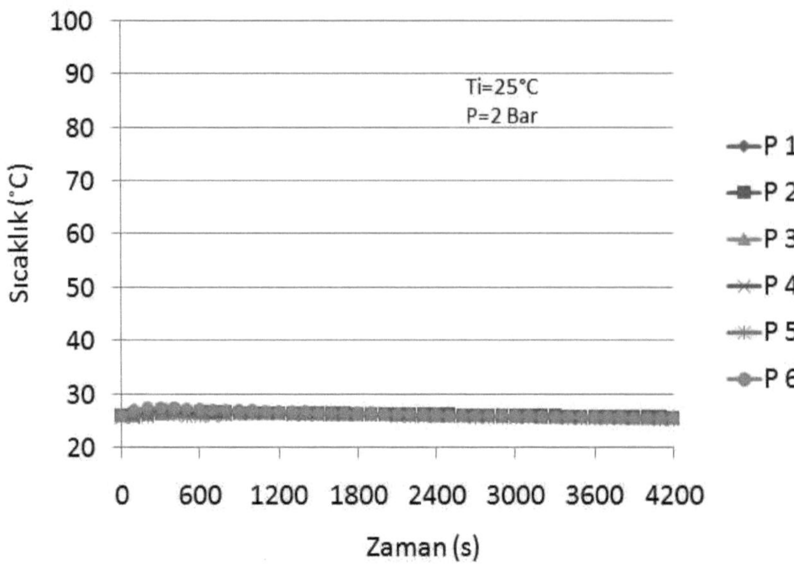

Şekil 3.21 2 Bar' da Reaktör-3 için depolama esnasında yapılan çalışmada kaydedilen sıcaklık grafikleri

Isı değiştiricili reaktör için 4 bar basınçta hidrojen depolama esnasında oluşan ısıya bağlı sıcaklık değişimi Şekil 3.22 de verilmektedir. Reaktör depolamaya yine P6 noktasında başlamıştır. Bu nokta için ve reaktörde meydana gelen en yüksek sıcaklık değeri 31 ^{0}C olarak görülmektedir. P6 için doyma noktası t=250 saniye iken P1, P2, P3, P4, P5 ise yaklaşık olarak t=300 saniyede doyma noktasına ulaşmıştır. Reaktörün tüm z noktaları 900 saniye sonunda oda sıcaklığına düşmektedir. 4 barda soğutucu akışkanlı TiFe-hidrür reaktöründe oluşan hidrojen oranı ise 2,88 g/kg değerindedir.

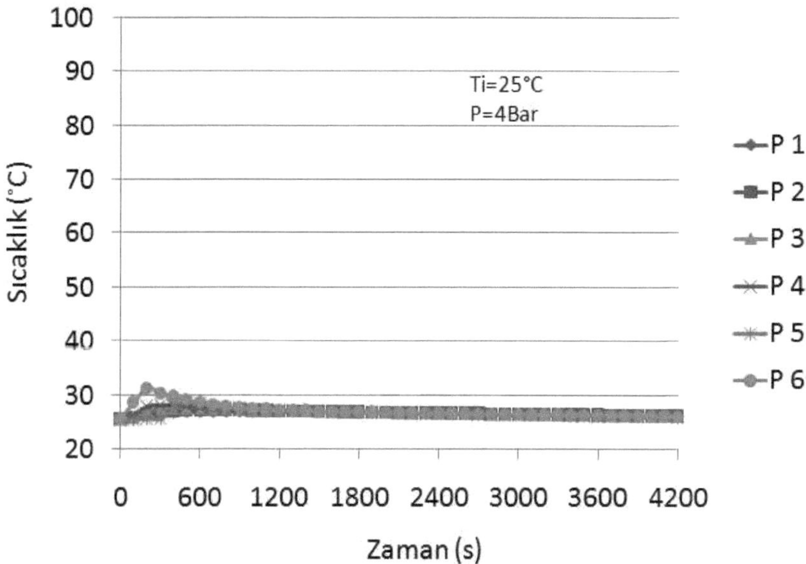

Şekil 3.22 4 Bar' da Reaktör-3 için depolama esnasında yapılan çalışmada kaydedilen sıcaklık grafikleri

Şekil 3.23 de de gösterildiği gibi hidrojen depolama basıncı 8 bar değerine çıkartıldığında reaksiyona başlama noktası ve en yüksek sıcaklık değişimi olan P6 noktasında maksimum sıcaklık t=150 saniyede 39 °C dereceyi göstermektedir. P3, P4, P5, P6 noktası için doyma noktası t=150 saniyedir. P1 ve P2 noktaları için ise doyma noktası t=350 saniyedir. Bu soğutucu akışkanlı reaktör sıcaklığı yaklaşık 960 saniye sonunda tüm noktalarda oda sıcaklığı seviyesine düşmektedir. Reaktörün hidrojen depolama oranı ise 3,42 g/kg olarak bulunmuştur.

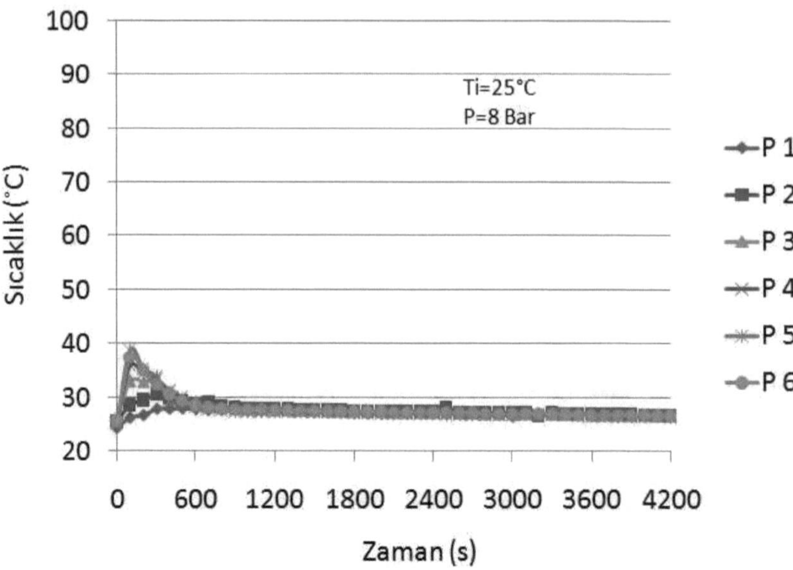

Şekil 3.23 8 Bar' da Reaktör-3 için depolama esnasında yapılan çalışmada kaydedilen sıcaklık grafikleri

Son olarak Şekil 3.24 de Reaktör-3 için 12 barlık hidrojen depolama basıncında reaktör cidarındaki z noktalarında meydana gelen sıcaklık değişimleri verilmiştir. P6 noktasında meydana gelen maksimum sıcaklık değeri t=100 saniyede 41 ^{0}C derecedir. Ayrıca bu değer reaktörde meydana gelen en yüksek sıcaklığı göstermektedir. P2, P3, P4, P5 ve P6 noktası yaklaşık olarak t=100 saniyede doyma noktasına ulaşırken, P1 noktası t=350 saniyede varmaktadır. Yaklaşık olarak 1020 saniye sonunda reaktör oda sıcaklığına gelmektedir. Depolama işlemi sonunda ise hidrür depolama oranı 4,35 g/kg olarak tespit edilmiştir.

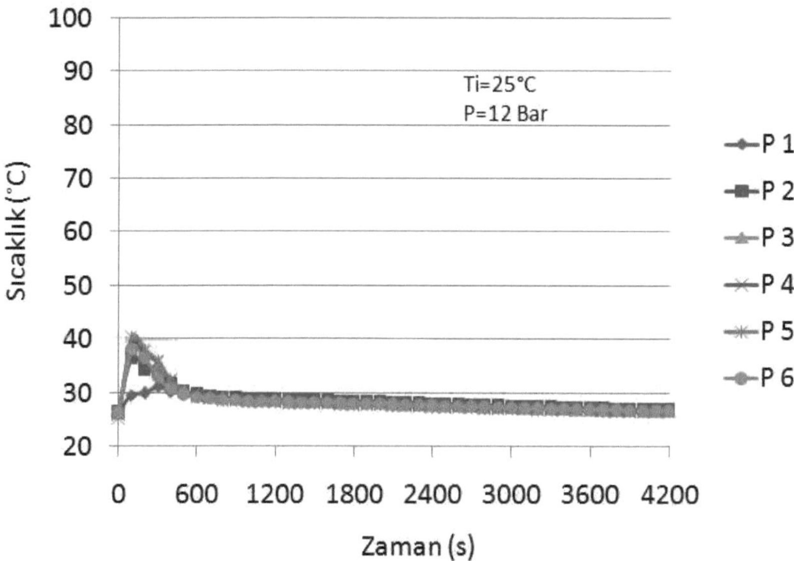

Şekil 3.24 12 Bar' da Reaktör-3 için depolama esnasında yapılan çalışmada kaydedilen sıcaklık grafikleri

Şekil 3.13-24' de verilen çalışma sonuçlarına göre sıcaklığın en az değişime uğradığı reaktör; soğutucu akışkan kullanılan Reaktör-3 tür. Reaktör-1 için 4200 saniyede 2-4-8-12 barlarda hidrojen depolama oranı g/kg cinsinden sırası ile 1,25-1,91-2,77-3,13 olarak bulunmuştur. Reaktör-2 için yine aynı şekilde yapılan çalışmada 2-4-8-12 bar basınçlarda sırası ile elde edilen metal-hidrür hidrojen depolama oranı 1,61-2,1-2,93-3,31 olarak bulunmuştur. Son olarak su soğutmalı olan Reaktör-3 için yine aynı çalışmada 2-4-8-12 bar basınçlarda depolanan hidrojen ve metal oranı sırası ile 2,23-2,88-3,42-4,35 (g/kg) olarak hesaplanmıştır. Sonuçlar göz önüne alındığında su soğutmalı reaktörün normal ve kanatlı reaktöre göre daha verimli olduğu görülmektedir.

BÖLÜM IV

SONUÇ

Bu tez kapsamında Bölüm 1' de literatürde benzer çalışmalar araştırılmış ve bu çalışmalardan destek alınmıştır. Bölüm 2' de ise metal-hidrür reaktörleri daha iyi tanıyabilmek için bilgi verilmiştir. Bu bölümde ayrıca depolama karakteristiğini tanıyabilmek ve depolamaya etki eden parametreleri öğrenebilmek için literatürde bulunan matematiksel modellemeye de yer verilmiştir. Bölüm 3' de ise TiFe alaşımının geliştirilerek depolamaya uygun hale getirilmesi sağlanmış olup, farklı üç reaktör modeli yapılarak farklı basınçlarda depolama işlemlerine tabi tutuluşlardır. Yapılan deneylerde sıcaklık ve kütle dataları kaydedilerek reaktör tasarımlarının hidrojen depolama prosesine etkisi incelenmiştir.

Yapılan bu çalışmada, küçük hacimlerde güvenli bir şekilde hidrojen depolayabilen metal-hidrür depolama yöntemi üzerinde durulmuştur. TiFe-hidrür reaktörlerde yapılan deneylerle aktivasyonunu artırmak için %10'luk bir karbon ilavesinin, ortalama 3 saat öğütülmesinin ve 10 defa şarj-deşarj ederek aktivasyonunun sağlanmasının yeterli olduğu metal-hidrür yataklarda sıcaklığın ve sıcaklığa bağlı denge basıncının reaktörün şarj ve deşarjını büyük oranda etkilediği anlaşılmıştır. Depolama sırasında sıcaklık artışını ortadan kaldırmak ve reaktörün çevresini homojen bir şekilde soğutabilmek için; dışarısında ısı transfer yüzeyini arttırıcı ve içerisinden soğutucu akışkan olarak su geçirilen yeni iki reaktör tasarlanmış ve üretimleri yapılmıştır. Daha sonra bu reaktörler üzerinde, reaktörün verimliliğini anlayabilmek ve uygulamada kolaylık sağlanabilmesi açısından deneyler yapılmış ve datalar kayıt edilmiştir. Bu kayıtların kıyaslanması Şekil 4.1-4.2 de verilmektedir.

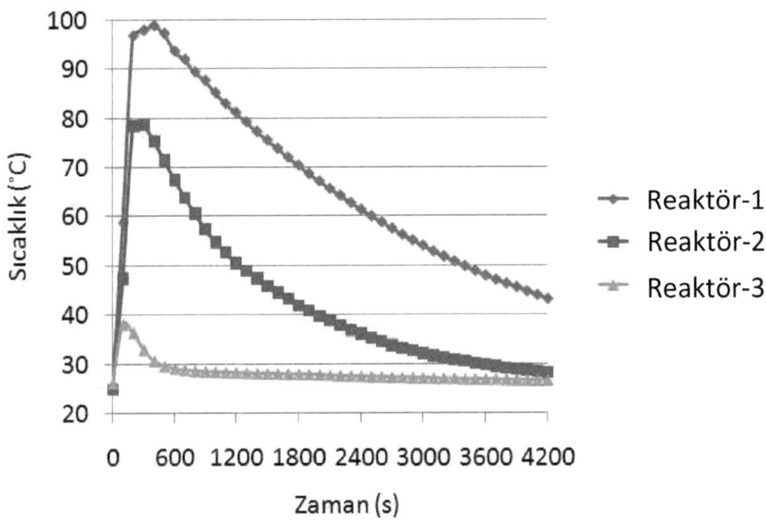

Şekil 4.1 Üç reaktör için 12 bar basınçta hidrojen depolama esnasında sıcaklık değişimlerini bulmak için yapılan çalışmaların karşılaştırılması.

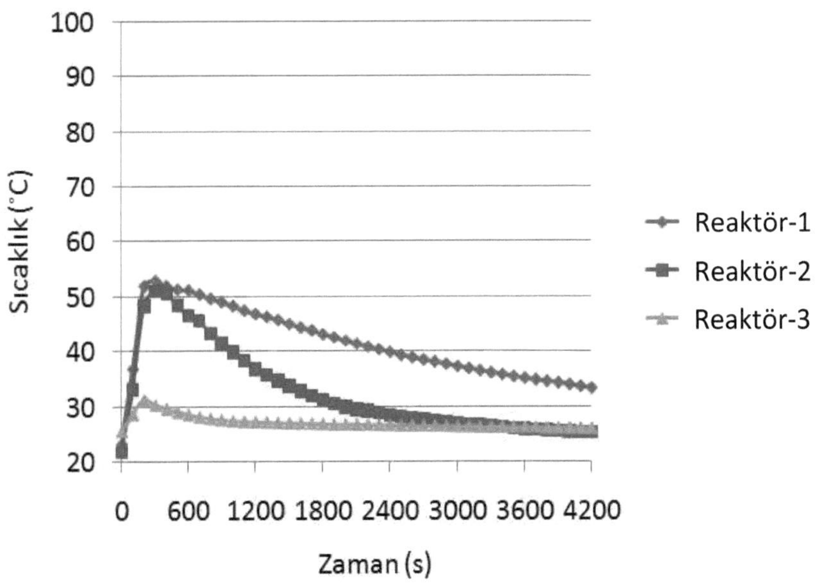

Şekil 4.2 Üç reaktör için 4 bar basınçta hidrojen depolama esnasında sıcaklık değişimlerini bulmak için yapılan çalışmaların karşılaştırılması

Şekil 4.1' de 12 bar basınçta 0-4200 s arasında reaktörlerde meydana gelen sıcaklık değişimleri verilmiştir. Farklı üç reaktör arasında sıcaklık değişimi en az olan reaktör depolama esnasında soğutucu akışkan ile soğutulan üçüncü reaktördür. Bu durum reaksiyon kinetiğinin matematiksel olarak ifadesine göre depolamanın en erken ve en fazla oranda gerçekleşmesiyle açıklanmıştır. Şekil 4.2' de ise 4 bar'lık bir basınçta 0-4200 s arasında üç farklı reaktör için zamanla sıcaklık değişimi verilmiştir. Reaktör tipinin soğumaya etkisi daha belirgin bir şekilde görülmektedir. 1 ve 2 numaralı reaktörler aynı sürede aynı sıcaklıklara ulaşırken soğuma olayı daha farklı sürede gerçekleşmektedir. Bu da Reaktör-1 ve Reaktör-2 arasında Reaktör-1' in depolama süresinin daha da uzadığının bir kanıtı olarak değerlendirilmiştir.

Çizelge 4.1 de 2-4-8-12 bar basınçlarda 3 farklı reaktör için alınan sıcaklık ve depolama oranlarının dataları verilmektedir.

Çizelge 4.1 Farklı basınçlarda hidrojen depolama esnasında alınan dataların kıyaslanması.

Reaktör	**Basınç**	**2 Bar**	**4 Bar**	**8 Bar**	**12 Bar**
1	Max. Sıcaklık(°C)	48	53	88	99
	Depolama Süresi (dk)	65	80	103	107
	Depolama Oranı (g/kg)	1,25	1,91	2,77	3,13
2	Max. Sıcaklık(°C)	43	51	64	89
	Depolama Süresi (dk)	40	50	70	72
	Depolama Oranı (g/kg)	1,61	2,1	2,93	3,31
3	Max. Sıcaklık(°C)	28	31	39	41
	Depolama Süresi (dk)	12	15	16	17
	Depolama Oranı (g/kg)	2,23	2,88	3,42	4,35

Çizelge 4.1' de;

Max. Sıcaklık ; depolama esnasında meydana gelen en yüksek sıcaklık değeri.

Depolama Süresi ; reaktörün başlangıç sıcaklığına kadar geçen dakika cinsinden yaklaşık süre.

Depolama oranı ise ; depolanan hidrojenin mevcut metal miktarına g/kg cinsinden oranıdır.

Depolama esnasında gerçekleşen maksimum sıcaklıklar 2-4-8-12 barda sırasıyla Reaktör-1 için 48-53-88-99 °C, Reaktör-2 için 43-51-64-89 °C ve Reaktör-3 için de 28-31-39-41 °C olarak ölçülmüştür. Sıcaklığın oda sıcaklığında sabitlenme süresi ise 2-4-8-12 bar basınçta sırası ile Reaktör-1 için ; 65-80-103-107 dk. , Reaktör-2 için ; 40-50-70-72 dk. ve Reaktör-3 için de 12-15-16-17 dk. olarak bulunmuştur. Bu sonuçlar göz önüne alındığıda depolama süresi 12 barlık bir basınçta Reaktör-1 için 107 dk. iken, Reaktör-2'de 72 ve son olarak soğutucu akışkan ile soğutulan Reaktör-3 için de 17 dakikaya kadar gerilemiştir. Bu ise Reaktör-1 ve Reaktör-3 arasında %85 lik bir süre veriminin olduğunu ayrıca Reaktör-2 ve Reaktör-3 arasında da %77 lik bir verim olduğunu göstermektedir.

Çizelge 4.1' de ayrıca hidrojen depolama oranları da verilmiştir. 12 bar basdınçta meydana gelen depolamada Reaktör-1 ve Reaktör-3 arasında yaklaşık %40 depolama verimi varken Reaktör-2 ile Reaktör-3 arasında da %32' lik bir verim vardır. TiFe-Hidrür Reaktörleri için literatürde mevcut olan çalışmalara bakıldığında depolama oranı 150 barda %0,9' luk bir depolama mevcut iken; bu çalışmada 12 bar gibi düşük bir basınç değerinde %0,44'lük bir depolama mevcuttur [46]. Bu durum metal öğütülmesi, aktivasyon tekrar sayıları ve reaktör tasarımı ile açıklanabilir.

Reaktör tasarımının hidrojen depolanmasındaki önemli etkisinin anlaşılması için ayrıca reaktörlerde gerçekleşebilecek ısı transfer katsayıları hesaplanmıştır. Isı transfer kat sayıları Reaktör-1,2 ve 3 için sırasıyla 8,42 W/m^2K, 49,65 W/m^2K ve 207.63 W/m^2K olarak hesaplanmıştır. Bu fark sayesinde Reaktör-3 te ısı transferinin daha hızlı gerçekleşeceği ve dolayısıyla depolama süresinin de daha kısa zamanda tamamlanacağı anlaşılmıştır.

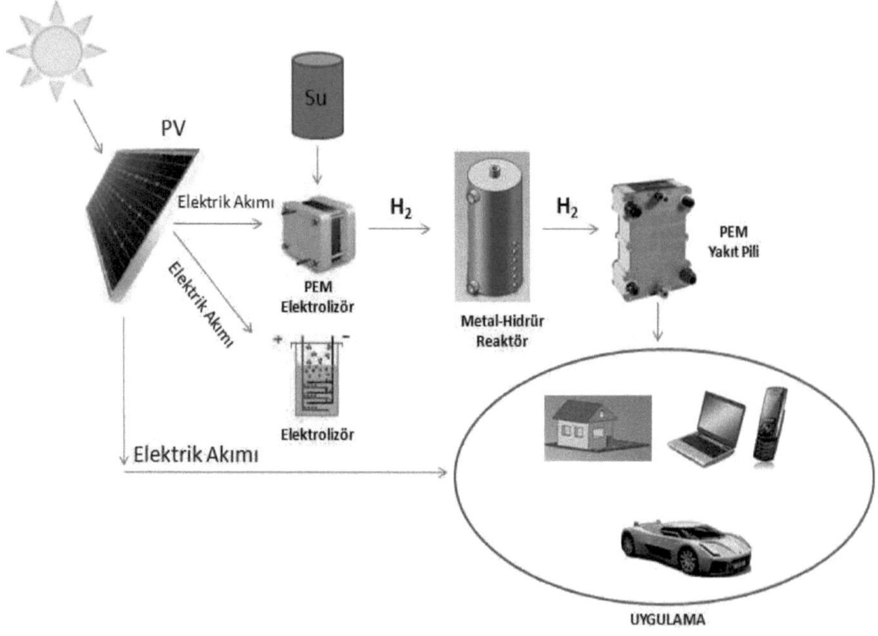

Şekil 4.3 Hibrid enerji üretim-kullanım döngüsünde Metal-Hidrür reaktörün yeri.

Yapılan bu çalışma, depolama süresini olabildiğince kısaltılarak, bu tür reaktörlerin yaygınlaşmasını sağlayacaktır. Ayrıca içerisinde bu tip ısı değiştiricisi bulunan reaktörler, bilgisayarlarımız, cep telofanlarımız, otomobillerimiz gibi hertürlü güce ihtiyaç olan araçların hidrojen ile çalışabilmesine zemin hazırlayacaktır. Aslında Pv, rüzgar gücü veya dalga gücüyle maddi açıdan hiçbir emek sarf etmeden ve çevreye zarar vermeden elektrik üretilebilir ancak bu hibrid uygulamalar geçici olduklarından dolayı bir süreklilik arz etmemektedir. Bunun için elektriği depolamada en verimli yöntemi en iyi şekilde kullanmak gerekmektedir. Şekil 4.3 te de görüldüğü gibi depolama sorunu çözümlendiğinde, hem tükenmekte olan fosil yakıtlara alternatif olabilen hidrojen kullanışlı hale gelecek, hem de çevre daha az kirletilmiş olacaktır.

KAYNAKLAR

[1] Aydemir S., Enerji Kaynağı Olarak Hidrojen Üretim Yöntemlerinin İncelenmesi, Yüksek Lisans Tezi, Trakya Üniversitesi Fen Bilimleri Enstitüsü, Edirne, 1998.

[2] Çelik V. ve Oral E., Hidrojen Yakıtlı Motor Teknolojisi, Kırıkkale Üniversitesi, Mühendis ve Makine Dergisi, 540, 31-40, 2006.

[3] Güvendiren M. ve Öztürk T., Enerji Kaynağı Olarak Hidrojen Ve Hidrojen Depolama , Mühendis ve Makine, 523, 2003.

[4] Minihydrogen Learn The Hydrogen Future, www.minihydrogen.com, May. 2008.

[5] İder S.K., Hidrojen Enerji Sistemi, Makina Mühendisliği Bölümü, ODTÜ.

[6] HILTech Developments Limited Application Note 2005 - 001 March, 2005.

[7] Selvam P., Viswanathan B., Swamy C.S. ve Srinivasan V., Magnesium and Magnesium alloy hydrides, International Journal Hydrogen Energy, 11, 3, 169-192, 1986.

[8] Sun D.W. ve Deng S.J., A Theoretical Model Predicting The Effective Thermal Conductivity İn Powdered Metal Hydride Beds, International Journal of Hydrogen Energy, 15(5), 331–336, 1990.

[9] Choi H. ve Mills AF., Heat And Mass Transfer İn Metal Hydrides Beds For Head Pump Applications , International Journal of Heat Mass Transfer, 33(6), 1281–1288, 1990 .

[10] Sakintuna B., Darkrim F.L. ve Hirscher M., Metal Hydride Materials For Solid Hydrogen Storage: Areview, International Journal of Hydrogen Energy, 32, 1121 – 1140, 2007.

[11] Güvendiren M., Bayböru E. ve Öztürk T., Effect Of Additives On Mechanical Milling And Hydrogenation Of Magnesium Powders, International Journal of Hydrogen Energy, 29, 491–496, 2004.

[12] Chi H., Chen C., Chen L., An Y. ve Wang Q., Hydriding/Dehydriding Properties Of Lamg16ni Alloy Prepared By Mechanical Ball Milling İn Benzene And Under Argon, International Journal of Hydrogen Energ, 29, 737–741, 2004.

[13] Saita I. , Sato M. , Uesugi H. ve Akiyama T., Hydriding Combustion Synthesis Of Tife, Journal of Alloys and Compounds, 446–447, 195–199, 2007.

[14] Takasaki A. ve Kelton K.F., Hydrogen Storage İnti-Based Quasicrystal Powders Produced By Mechanical Alloying , International Journal of Hydrogen Energy, 31, 183 – 190, 2006.

[15] Kinaci A. ve Aydinol M.K., Ab İnitio İnvestigation Of Feti–H System, International Journal of Hydrogen Energy, 32, 2466 – 2474, 2007.

[16] Berlouis L.E.A. , Comisso N. ve Mengoli G., "Changes İn Hydrogen Storage Properties Of Binary Mixtures Of İntermetallic Compounds Submitted To Mechanical Milling", Journal of Electroanalytical Chemistry, 586, 105–11, 2006.

[17] Wang X., Chena R., Chena C. ve Wang Q., Hydrogen Storage Properties of Ti*x*Fe+*y* wt.% La and İts Use İnmetal Hydride Hydrogen Compressor, Journal of Alloys and Compounds, 425, 291–295, 2006.

[18] Yamashita I., Sakai T., Takeshita T.T., Uehara I., Proceedings of "39th Denchi Touron Kai", Sendai, Japan, 1998.

[19] Mellouli S., Askri F., Dhaou H., Jemni A. ve Nasrallah S.B. Anovel design of a heat exchanger for a metal-hydrogen reactor, International Journal Hydrogen Energy, 32, 3501 – 3507, 2007.

[20] Kikkinides E.S., Georgiadis M.C. ve Stubose A.K. Dynamic Modelling And Optimization of Hydrogen Storage İn Metal Hydride Beds, Energy, 31, 2428–2446, 2006.

[21] Pons M., Dantzer P. ve Guilleminot J. A Measurement Technique And A New Model For The Wall Heat Transfer Coefficient Of A Packed Bed Of (Reactive) Powder Without Gas Flow, International Journa Heat Mass Transfer, 36, 2635–2646, 1993.

[22] Gopal M.R. ve Murty S.S., Prediction of Heat and Mass Transfer in Annular Cylindrical Metal Hydride Beds, International Journal of Hydrogen Energy, 17(10), 795-805, 1992.

[23] Gopal M.R. ve Murty S.S., Studies of Heat and Mass Transfer in Metal-Hydride Beds, International Journal of Hydrogen Energy, 20(11), 911-917, 1995.

[24] Oi T., Maki K. ve Sakaki Y., Heat Transfer Characteristics Of The Metal Hydride Vessel Based On The Plate-Fin Type Heat Exchanger, Journal of Power Sources 125, 52–61, 2004.

[25] MacDonald B.D. ve Rowe A.M., Impacts of External Heat Transfer Enhancements On Metal Hydride Storage Tanks, International Journal of Hydrogen Energy, 31, 1721 – 1731, 2006.

[26] Kaplan Y., Effect of design parameters on enhancement of hydrogen charging in metal hydride reactors, International Journal of Hydrogen Energy, 34, 2288–2294, 2009.

[27] Muthukumar P., Madhavakrishn U. ve Dewan A., Parametric Studies On A Metal Hydride Based Hydrogen Storage Device, International Journal Hydrogen Energy,32, 4988 – 4997, 2007.

[28] Jemni A., Nasrallah B.S. ve Lamloumi J., Experimental and theoretical study of metal hydrogen reactor, International Journal Hydrogen Energy, 24, 631–644, 1999.

[29] Askri F., Jemni A. ve Nasrallah B.S., Dynamic Behavior of Metal–Hydrogen Reactor During Hydriding Process, International Journal of Hydrogen Energy, 29, 635 – 647, 2004.

[30] Gambini M., Metal Hydride Energy Systems Performance Evaluation. Part A: Dynamic Analysis Model of Heat and Mass Transfer, International Journal of Hydrogen Energy, 19(1), 67-80, 1994.

[31] Gambini M., Metal Hydride Energy Systems Performance Evaluation. Part B:Performance Analysis Model of Dual Metal Hydride Energy Systems, International Journal of Hydrogen Energy, 19(1), 81-97, 1994.

[32] Sun DW. ve Deng SJ., Study of The Meat and Mass Transfer Characteristics of Metal Hydride Beds, Journal of the Less-Common Metals, 141, 37-43, 1988.

[33] Mayer U., Groll M., ve Supper W., Heat And Mass Transfer İn Metal Hydride Reaction Beds: Experimental And Theoretical Results, Journal of the Less-Common Metals, 131, 235-244, 1987.

[34] Asakuma Y., Miyauchi S., Yamamoto T., Aoki H., Miura T. Homogenization Method For Effective Thermal Conductivity of Metal Hydride Bed, International Journal of Hydrogen Energy, 29, 209–16, 2004.

[35] Demircan A., Demiralp M., Kaplan Y., Mat M.D. ve Veziroglu T.N., Experimental and Theoretical Analysis Of Hydrogen Absorption İn $LaNi_5$-H_2 Reactors, International Journal of Hydrogen Energy, 30, 1437-1446, 2005.

[36] Mat M. ve Kaplan Y., Numerical Study of Hydrogen Absorption in An $Lm-Ni_5$ Hydride Reactor, International Journal of Hydrogen Energy, 26, 957-963, 2001.

[37] Aldas K., Mat M.D. ve Kaplan Y., A Three Dimensional Mathematical Model for Absorption in a Metal Hydride Bed, International Journal of Hydrogen Energy, 27(10), 1049–1056, 2002.

[38] Kaplan Y. ve Veziroglu TN., Mathematical Modeling of Hydrogen Storage in a $LaNi_5$ Metal-Hydride Bed, International Journal of Energy Research, 27(11), 1027-1038, 2003.

[39] Mat, M. D., Kaplan, Y. ve Aldas, K., Investigation of three-dimensional heat and mass transfer in ametal hydride reactor. International Journal of Energy Research, 26, 973–986, 2002.

[40] Askri F., Jemni A., Nasrallah BS., Prediction Of Transient Heat And Mass Transfer İn A Closed Metal-Hydrogen Reactor, International Journal of Hydrogen Energy, 29, 195–208, 2004.

[41] Schulz R., Huot J., Liang G., Boily S., Lalande G., Denis M.C. ve J.P. Dodelet Recent Developments in the Application of Nanocrystalline Materials to Hydrogen Technologies, Materials Science and Engineering, A267, 240-245, 1999.

[42] Douglas G.I. ve Derek O.N., Storing Energy in Metal Hydrides: a Review of the Physical Metallurgy, J Materials Science, 18,pp.321-347, 1983.

[43] Raissi A.T., Banerjee A. ve Sheinkopf K., Metal hydride storage requirement for transportation applications, IECEC 96, 1996

[44] Güvendiren M., Ünalan H.E. ve Öztürk T., Hidrojen Depolama Amacıyla Magnezyum Tozlarının Öğütülmesinde Katkı Maddelerinin Etkisi, Mühendis ve Makina, Sayı 517, 2003.

[45] Abe M., Kuji T. Hydrogen absorption of TiFe alloy synthesized by ball milling and post-annealing, Journal of Alloys and Compounds 446–447, 200–203, 2007.

[46] Hotta H., Abe M., Kuji T., Uchida H., Synthesis of Ti–Fe alloys by mechanical alloying, Journal of Alloys and Compounds, 439, 221–226 , 2007.

[47] Demiralp M., Mat MD., Kaplan Y., Veziroğlu T.N. Proses Parametrelerinin Hidrit Oluşumu Üzerindeki Etkisinin Deneysel Ve Teorik Olarak İncelenmesi, Clean Energy Research Institute, Coral Gables, FL 33124

[48] Jemni A. ve Nasrallah S.B., Study of Two-Dimensional Heat and Mass Transfer During Absorptionin a Metal Hydrogen Reactor, Int. J. HydrogenEnergy, 20(1), 43-52, 1995.

[49] Jemni A. ve Nasrallah S.B. Study of Two-Dimensional Heat and Mass Transfer During Desorptionin a Metal-Hydrogen Reactor, Int. J. HydrogenEnergy, 20(7), 881-891, 1995.

[50] Aldas K., Mat M.D. Metal-Hidrid Yataklarda Hidrojen Depolanmasının Sayısal Analizi, Niğde Üniversitesi , 2001.

[51] Incropera F.P. ve Dewitt D.P., Fundamentals of Heat and Mass Transfer Book, 2001.

[52] Kaplan Y. "Metal Hidrid Yakıtlarda Hidrojen Şarj-Deşarj İşlemine Etki Eden Proses Parametrelerinin İncelenmesi " TÜBİTAK 4.Kariyer Raporu, 104M219, 2007.

[53] Kakaç S. "Örneklerle Isı Transferi", Tıp Teknik, 96500-4-5, 1998.

[54] Halicioğlu, R., Bayrak, M., Işcan, B., ve Akbalik, F. An experimental study on hydrogen storage capabilities improvement of the TiFe-H2. Energy Sources, Part A: Recovery, Utilization, and Environmental Effects, 34(20), 1876-1882, 2012.

[55] Halıcıoğlu, R., Selamet, Ö. F., & Bayrak, M. Effects of reactor design on TiFe-hydride's hydrogen storage. International Journal of Energy Research, 37(7), 698-705, 2013.

[56] Halıcıoğlu, R., TiFe-H2 Reaktörlerinde Meydana Gelen Isı Ve Kütle Transferinin Deneysel İncelenmesi, Yüksek lisans tezi, Niğde Üniversitesi Fen Bilimleri Enstitüsü, Niğde, 2009.

Printed by Books on Demand GmbH, Norderstedt / Germany